GAOPIN DIANZI XIANLU SHIYAN JIAOCHENG

高频电子线路实验教程

（含实验报告）

张玉侠　豆明瑛　编

西北工業大學出版社

【内容简介】 本书是根据高等学校本科"高频电子线路"教学大纲要求编写的一本实验教学指导书。全书共分为三个部分，第一部分为高频电子线路实验系统介绍，第二部分为高频电子线路实验，第三部分为实验仪器原理及使用说明。本书内容丰富，理论结合实践，指导性强，知识点和基本概念清晰，既便于教师组织教学，又利于学生进行实验。

本书为高等学校本科教材，也可作为高等专科学校、高等职业学校、成人高校的通信、电子、信号检测、自动化、计算机应用等专业的实验教材，还可供相关专业学生和工程技术人员参考。

图书在版编目（CIP）数据

高频电子线路实验教程（含实验报告）/张玉侠，豆明瑛编．—西安：西北工业大学出版社，2016.9

ISBN 978－7－5612－5101－0

Ⅰ.①高… Ⅱ.①张… ②豆… Ⅲ.①高频—电子线路—实验—高等学校—教材 Ⅳ.①TN710.2－33

中国版本图书馆 CIP 数据核字(2016)第 223421 号

出版发行：西北工业大学出版社
通信地址：西安市友谊西路 127 号　　邮编：710072
电　　话：(029)88493844　88491757
网　　址：www.nwpup.com
印 刷 者：陕西向阳印务有限公司
开　　本：787 mm×1 092 mm　1/16
印　　张：11.5
字　　数：204 千字
版　　次：2016 年 9 月第 1 版　　2016 年 9 月第 1 次印刷
定　　价：25.00 元

前　言

本书以北京精仪达盛科技有限公司出品的 EL 教学实验箱配套实验电路模块和 GP－IV 实验指导为主要参考依据，以明德学院高频电子技术实验室良好的实验平台为基础，结合笔者多年的教学实践经验并参考了高频电子线路教科书和高等学校电子信息工程类高频电子线路系统实验指导教材，完善实验理论，加强实践内容，编写了本书。编写过程中参考并吸取张会生、张玉侠、沐榕编写的《高频电子技术实验指导书》的精华和实践经验，结合理论教学和实际应用情况，重新设计了实验，调整了部分实验项目内容和实验方法，增加了理论指导和实践操作环节，使之更有利于实践教学，更有利于提高巩固理论知识，更有利于加强实际技能和科学实验精神的培养。在编写中，坚持了以下的原则：

(1)在实验项目的设计上，采用模块化结构，力求通过不同的实验，帮助学生建立起高频电子技术学科的概念。

(2)在实验指导内容的编写上，力求做到原理讲述清楚、实验步骤详细、方案选择多样，方便教师教学指导和学生自学使用。

(3)实验内容力求有利于学生动手能力、实际技能的培养。不仅重视原理和结论，更重视过程，重视实验方法、思路，重视仪器仪表的使用。

(4)注重系统性和全面性，力求使学生对高频电子线路有一个较为全面的认识，为学习后续课程和从事实践技术工作具有良好的指导作用。

(5)各实验相互独立，不同层次不同需要的学生可根据本专业教学要求自由选择。

在本书编写过程中豆明瑛做了不少具体工作，并参与了一部分仪器使用内容编写。本书是笔者所在实验室工作人员共同努力的成果，在此对参考文献的作者及帮助指导的所有辛勤工作者表示衷心的感谢。

本书在讲义基础上重点修改补充了实验部分的内容加强了实践环节，重新设计了实验方法、步骤，同时由于更新了实验仪器，增加了新型仪器使用方法。

由于水平有限，书中错误在所难免，恳请读者批评指正。

编　者

2016 年 7 月

目　录

第一部分　高频电子线路实验概述

实验概述

一、高频电子线路实验系统介绍

本实验系统由实验箱、外接实验模块和实验仪器三部分组成。其中外接模块采用插拔式结构设计,便于功能的扩展。实验箱带有一个最高频率为1 MHz的低频信号源(可产生正弦波、方波、三角波)、一个最高频率为10 MHz的高频信号源、一个音频接口单元和供实验用的稳压电源。实验时可使用自带电源,也可通过右上角的4针电源接口从外部引入。高频电路单元采用模块式设计,将有关联的单元电路放在一个模块内。高频模块可插在实验箱的4个固定孔上,配合高、低频信号源和实验仪器即可进行高频电路实验。

二、实验箱箱体结构

箱体平面结构如图1－1所示,主要由以下五个部分组成。

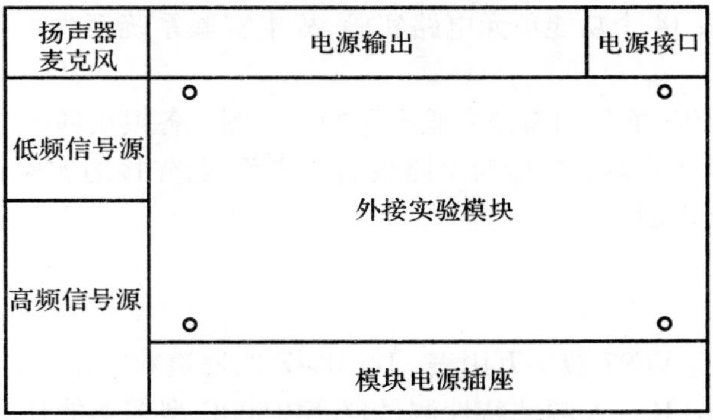

扬声器 麦克风
电源输出
电源接口
低频信号源
外接实验模块
高频信号源
模块电源插座

图1－1　EL－GP－IV实验箱面板布局

1. 电源输出、电源接口及电源插座

实验箱提供－8 V,＋5 V,－5 V,－12 V,＋12 V五组电源输出。当电源电压正常时,对应的指示灯均被点亮。电源接口处输出＋12 V和±5 V三组电源。电源插座通过连接线给实验电路板提供所需的电源电压。

2. 低频信号源

本实验箱采用集成函数发生器ICL8038产生正弦波、方波和三角波,频率为0.1 Hz～1 MHz连续可调。使用时先选择波形,然后将“频率选择”按键打到合适的文件位(Hz,kHz,MHz),再通过“频率调节”按键调出所需要的频率;“幅度调节”旋钮使输出信号的幅度从0～5

V 连续可调;“偏移调节”旋钮可调节输出方波信号的占空比和失真,还可调整正弦波的失真度。

3. 高频信号源

高频信号源采用 MAX038 作为信号发生器,本实验箱只能输出正弦波,频率为 20 kHz ~ 10 MHz 连续可调,幅度从 0 ~ 5 V 连续可调。使用时先将“频率选择”按键设置到合适的文件位,再通过“频率调节”按键 和“幅度调节”旋钮调出所需要的频率和幅值的信号。

4. 音频接口单元

音频接口单元电路如图 1 – 2 所示。麦克风电路采用 LM741 放大器,其输入、输出均为耳机接口。扬声器电路采用 LM386 音频功率放大器,输入为耳机接口,输出有耳机接口,也有二号孔接口。如将 AOUT 插孔和 SPIN 插孔连接,输入的语音信号经功放直接进入扬声器。如 AOUT 插孔和 SPIN 插孔断开,则可从其他电路输入音频信号至 SPIN。

5. 外接实验模块区

外接模块采用插拔式结构设计,实验区的四个插孔对应电路板的四个卡钉,实验时电路板插入实验区,通过卡钉与实验箱连接,便于安装和拆卸。

要特别注意:插拔模块要在断电的状态下进行,且要直插直拔。

三、高频模块介绍及实验说明

本系统配有 9 个高频模块,分别为:单、双调谐放大器模块 ,丙类功率放大模块,LC 振荡、石英晶体振荡器模块,幅度调制、解调模块,频率调制、解调模块,小功率调频发射模块,小功率调频接收和音频放大模块,集成混频器模块,集成锁相环和频率合成模块。

9 个模块电路构成 14 个功能单元电路实验,故本实验系统至少可以完成 14 个完整的高频实验(见第二部分)。

各实验模块电路的表面均附有该实验电路的原理图。各模块的电源均用导线从实验箱上引入,模块上设有电源指示灯。实验时电路板插入实验区,先接通实验箱电源,通过专用电源线连接,再接通电路板电源。

四、常用的实验仪器

常用的实验仪器有 VC97 数字万用表、DS1054Z 四通道数字示波器、DG1022U 双通道函数/任意波形发生器、BT3C – A 频率特性测试仪、SP1500C 型多功能计数器、DA22A 型超高频毫伏表、DSA815 频谱分析仪等仪器。配合毕业设计和课程设计使用的仪器还有 EE1642B1 型函数信号发生器/计数器、KH1656C 型合成信号发生器、MOS – 640 双踪示波器和 MPS – 3000L – 3 型多路直流稳压稳流电源。常用的实验仪器工作原理和使用说明见本书第三部分。使用前请认真阅读相关仪器使用说明,掌握使用方法及注意事项,以达到正确使用要求。

五、高频电路实验要求

高频电子线路实验电路较为复杂,且电路工作在非线性状态,受工作频率、信号大小以及外界条件影响较大,故实验方法要求严谨。实验测量、验证的项目较多,使用的仪器仪表也较多。要做好实验,请必须按照以下 10 项要求进行:

(1)实验之前必须充分预习,认真阅读实验指导书,掌握好实验所必须知道的电路原理和有关理论知识，熟悉要做的实验内容和步骤。

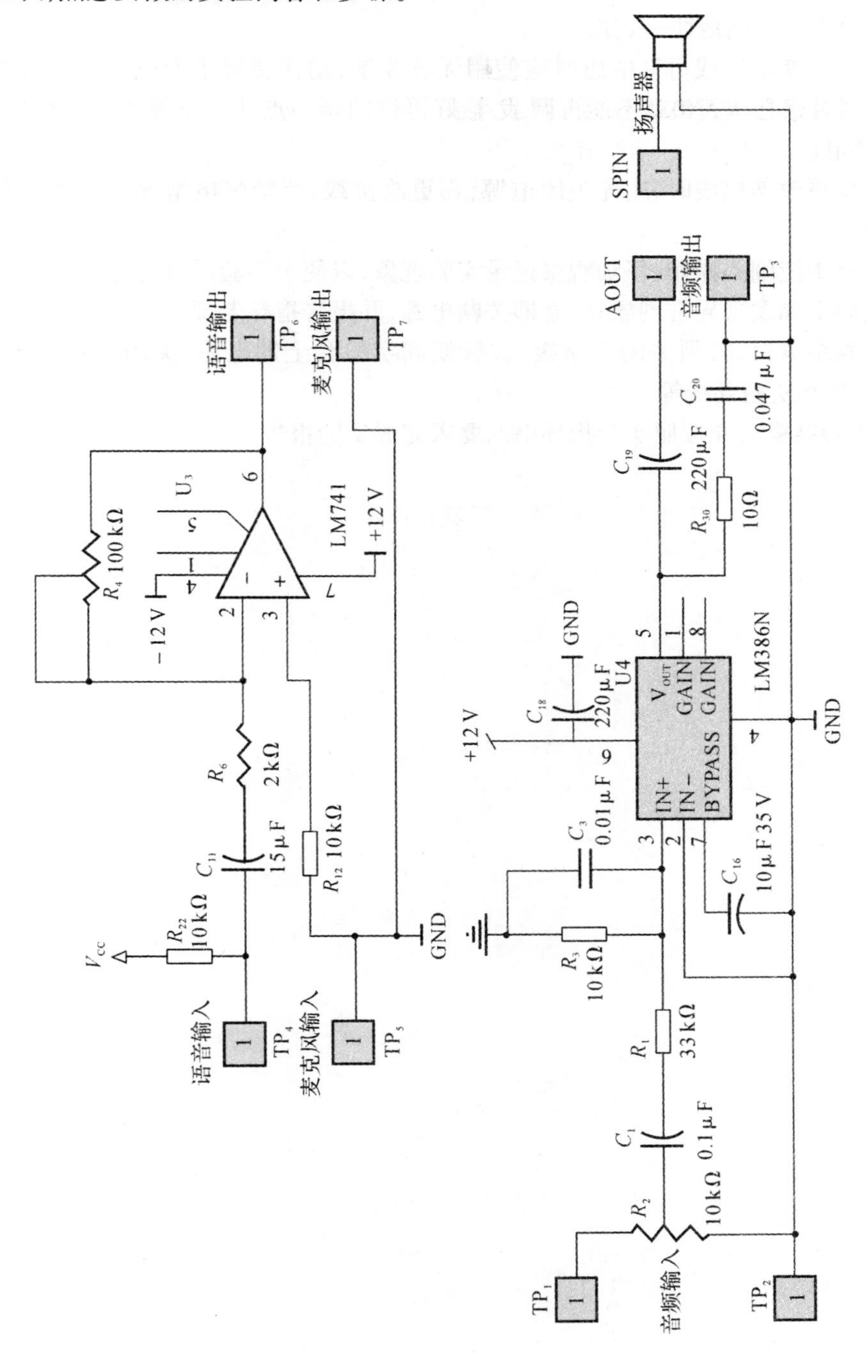

图 1－2　音频接口单元电路

（2）对实验中所用到的仪器使用之前必须了解其性能、使用方法和注意事项，做到提前预习熟悉并在实验时严格遵守。

（3）动手实验之前应仔细检查电路，确保无误后方能接通电源。

(4)由于高频电路的特点,要求每次实验时联机接线要尽可能地短且整齐可靠。不要接多余的线,地线尽可能地往一点接。

(5)调节可变电容或可变电感时应使用无感改锥,动作要轻不要按压。调可变电阻时动作也要轻,同时感觉调到头就不能再调了,最好再往回调一点让其不要工作在极限状态,以免损坏或不稳定。

(6)需要更改连接线时,应先关闭电源,再更改接线,严禁带电情况下接线头在电路板子上乱碰。

(7)实验中应细心操作,仔细观察记录实验现象,以便于实验后进行总结。

(8)实验中如发现异常现象,应立即关断电源,并报告指导老师。

(9)实验结束后,必须关闭电路板、实验箱和实验台上的电源,关闭仪器电源,整理好仪器、设备、工具和实验导线等。

(10)实验结束后要按照实验指导书的要求完成实验报告。

第二部分　高频电子线路实验

高频电子线路实验共9个电路模块，可以开出高频电子线路实验14个，实验项目内容覆盖高频电子线路课程的主干内容。实验对所学的高频知识具有很强的验证、巩固、提高作用。实验是高频电子线路课程不可缺少的教学实践环节，实验过程是电子技术基础课程的综合应用过程以及专业技能训练过程，可有效地提高电子工程技术人才的实验技能和专业综合素质。根据知识结构和课程教学进度，实验项目、内容做如下安排。

实验一　高频实验箱及实验仪器使用

一、实验目的

(1)熟悉 EL－GP－IV 实验箱,掌握高/低频信号源的使用;

(2)掌握示波器的使用,学会用示波器观测波形、测量电压幅值;

(3)掌握频率计的使用,学会用频率计测量信号的频率。

二、预习要求

(1)熟悉实验箱面板各区域及其旋钮、按键的功能作用,了解高/低频信号源的参数及调试方法。

(2)查阅仪器使用说明,了解示波器、频率计、DDS 数字合成信号源的使用及技术指标。

三、实验仪器

EL－GP－IV 实验箱、DS1054Z 四通道数字示波器、DG1022U 双通道函数波形发生器、SP1500C 型数字频率计、VC97 数字万用表。

四、实验仪器原理及使用

1. 实验仪器

VC97 数字万用表、DS1054Z 四通道数字示波器、SP1500C 型数字频率计、DG1022U 双通道函数波形发生器的使用说明参见第三部分仪器使用介绍。使用前请按照要求进行预习。

2. 实验箱高低频信号源使用介绍

高/低频信号源采用 DDS 芯片输出正弦波、三角波、方波三种信号的波形,峰峰值最大可达6V,同时幅值、偏移可调。高/低频信号源性能参数见表2－1－1 和表2－1－2,信号源的面板布局如图2－1－1 所示,使用前先熟悉按键作用再掌握设置调整方法。高/低频信号源操作使用如下:

1)频率设置键“MENU”:第一次按下此键,数码管第一位开始闪烁,即进入“频率设置”状态,此时功能键“NEXT”“ADD”有效;第二次按下此键时,退出“频率设置”状态,功能键“NEXT”“ADD”无效。

2)功能键“NEXT”:在“频率设置”状态有效,用于切换“待设置控制位”。“带设置控制位”闪烁。

3)功能键“ADD”:“待设置控制位”的数据循环变化“0－9－0”。

表 2-1-1　低频信号源的技术参数

型号	EL-GP-IV-低频信号源模块	
电源	+5V/1A，-5V/1A	
显示	四位 LED 显示	
性能	通道	单通道输出
	输出阻抗	100 Ω,1.5 pF
	输出波形	正弦、三角、方波
	输出频率	$F_{min}=0.1$ Hz
		$F_{max}=1$ MHz
	输出幅值	$V_{p-p\_min}=50$ mV
		$V_{p-p\_max}=6$ V
	垂直分辨率	10 位(1024)
	失真	典型值 0.5%

表 2-1-2　高频信号源的技术参数

型号	EL-GP-IV-高频信号源模块	
电源	+5V/1A，-5V/1A	
显示	四位 LED 显示	
性能	通道	单通道输出
	输出阻抗	100 Ω,1.5 pF
	输出波形	正弦、三角、方波
	输出频率	$F_{min}=1$ Hz
		$F_{max}=10$ MHz(正弦波)
		$F_{max}=2$ MHz(三角波)
		$F_{max}=5$ MHz(方波)
	输出幅值	$V_{p-p\_min}=50$ mV
		$V_{p-p\_max}=6$ V
	垂直分辨率	10 位(1 024)
	失真	典型值 0.5%

4)波形切换键“波形选择”:对输出波形进行变换。

5)幅值调节:调节输出信号的幅值 V_{p-p}。

6)偏移调节:在低频信号源中,在输出为正弦波和三角波时,为输出信号的频率偏移量调节;当输出为方波时,为方波的占空比调节;在高频信号中,为偏移量调节,可调节波形失真。

3. 实验原理与方法

用实验箱上的信号源产生信号,用示波器观测其输出信号波形,测量输出信号电压,用频率计测量输出信号的频率。用仪器测量仪器,掌握仪器的性能指标和调整使用方法。高/低频信号源面板图如图 2-1-1 所示,仪器检测原理图如图 2-1-2 所示。

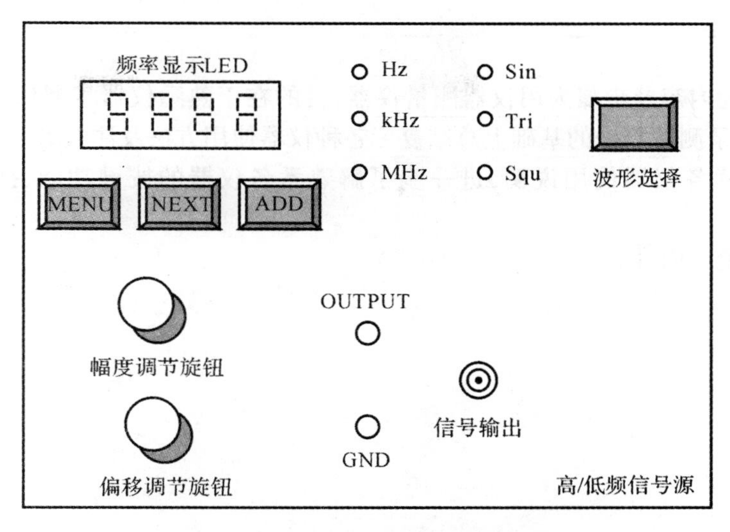

图 2－1－1　高/低频信号源面板图

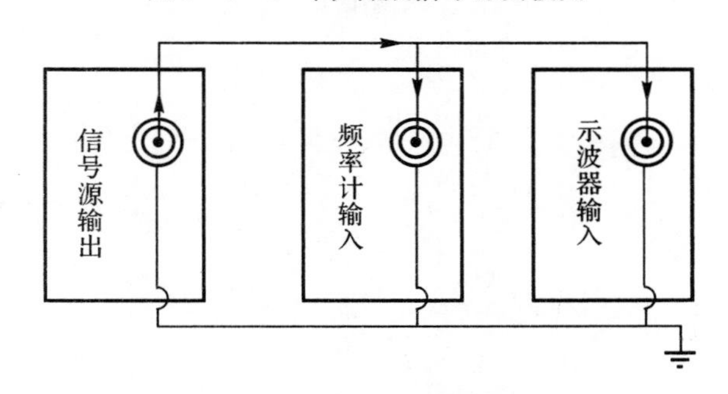

图 2－1－2　仪器检测原理图

4. 实验仪器使用介绍

掌握实验仪器的使用是做好实验的基本保证，故要求认真学习，坚持科学实践，逐步达到熟练使用方能提高专业综合技能。本节除实验箱外先熟悉以下两种仪器使用，使用前先作仪器使用介绍：

(1) SP15000C 面板键钮功能及基本使用方法介绍。

(2) DS1054Z 数字示波器面板键钮功能及基本使用方法介绍。

五、实验内容及步骤

(1) 实验箱上高/低频信号源的调整使用练习：学会两种信号源的频率设置、波形设置以及电压大小的设置。

(2) 用示波器测低频信号源的输出电压波形(f_s = 200 kHz)及其 U_{smax}。

(3) 用示波器测量高频信号源的输出电压波形(f_s = 1 MHz)及其 U_{smax}。

(4) 用频率计测量信号源的输出频率(以信号源显示频率为标准)，并计算出测量误差。

(5) 用示波器测量 DG1022U 双通道函数波形发生器输出的各种波形(选作)。

六、实验报告要求

（1）以上实验内容及步骤为用仪器测量仪器，目的在于熟悉仪器掌握仪器使用。要求在完成测量项目记录测量数据的基础上总结复习各种仪器使用方法及注意事项。

（2）认真阅读各仪器使用说明，进一步了解熟悉各仪器的按键功能、技术指标及使用方法。

（3）预习实验二内容。

实验二　单调谐回路谐振放大器

一、实验目的

(1)熟悉高频电路实验箱的组成及其电路中各组件的作用;
(2)熟悉并联谐振回路的通频带与选择性等相关知识;
(3)熟悉负载对谐振回路的影响,从而了解频带扩展的原理方法;
(4)熟悉和了解单调谐回路谐振放大器的性能指标和测量方法。

二、预习要求

(1)复习选频网络的特性与分析方法;
(2)复习单调谐回路谐振放大器的工作原理和调谐振的方法;
(3)了解谐振放大器的电压放大倍数、动态范围、通频带及选择性等知识和分析方法;
(4)熟悉数字万用表的使用。

三、实验电路

本实验电路如图2-2-1所示。单调谐回路利用谐振负载的选频特性,对经过选频回路选中的频率进行放大。电路中W,R_1,R_2和R_{e1}(R_{e2})为直流偏置电路,调节W可改变直流工作点。C_2,C_3,L_1构成谐振回路,调节C_2可改变谐振回路的谐振频率,改变电路的选频特性。R_3为回路接入电阻,接入R_3可以展宽通频带,但电路增益同时也会明显下降,R_L为负载电阻。

谐振放大器的集电极负载是一个谐振回路,谐振回路的阻抗是随着频率的变化而变化的,故谐振回路对不同频率的信号响应不同。这个谐振回路如果参数固定,那么它就有一个固有的谐振频率(中心频率F_0),在它的谐振频率上放大器的输出电压幅度最大。偏离了谐振频率其幅度就下降,偏离的越多幅度就下降得越多,其幅频特性是一个钟形脉冲波。集电极选频回路对选中的频率进行有效的放大,对通频带以外频率的信号进行衰减或阻隔。

谐振放大器的正常工作状态是电路谐振在中心频率上,在谐振状态电路输出幅度最大。调谐振的方法有两种:一是改变输入信号的频率,使输入信号频率$F_i=F_0$,电路达到谐振输出幅度最大;另一种方法是改变电路参数,使电路谐振在所要求的中心频率F_0上。输入信号频率设置为F_0,调电路参数的过程中电路谐振,达到幅值最大。

四、实验仪器

DS1054Z数字示波器、DG1022U双通道函数波形发生器、SP1500C型数字频率计、VC97

数字万用表、EL－GP－IV 实验箱及单、双调谐放大模块、BT3C－A 频率特性测试仪。

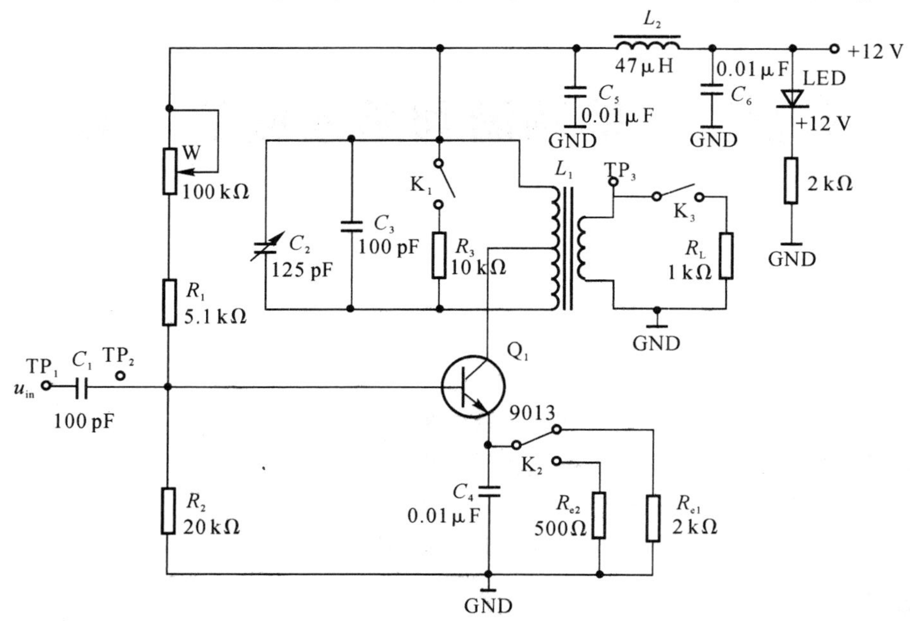

图 2－2－1　单调谐回路放大器电路

五、实验内容及步骤

1. 谐振放大器调谐振（测量记录谐振放大器的谐振频率和振幅值）

（1）拨动开关 K_3 至“RL”挡。

（2）拨动开关 K_1 至“OFF”挡，即断开 R_3。

（3）拨动开关 K_2，选中 R_{e2}。

（4）检查无误后接通电源输出。

（5）DG1022U 信号发生器输出的正弦信号幅度调为 300 mV（指峰峰值）左右，频率调到 3.5 MHz 左右，接到电路的输入（TP1）UIN 端（信号发生器也可选用实验箱上的高频信号源）；DS1054Z 数字示波器调整好接到电路的输出端 OUT（TP3）。

（6）调节 DG1022U 信号发生器的频率，使其在 3～6 MHz 之间变化，改变频率的同时观察示波器上电压幅值的变化，找到谐振放大器输出电压幅度最大且波形不失真的频率（幅值最大的这一点就是谐振放大器的谐振点，这个频率就是谐振放大器的谐振频率）。将谐振频率和电压幅值记录下来（注意：如找不到不失真的波形，应同时调节 W 来配合）。

2. 测量放大器在谐振点的动态范围

（1）拨动开关 K_1，接通 R_3。

（2）拨动开关 K_2，选中 R_{e1}。

（3）调节 W，使 U_B 为 3.7～5.7V 之间。

（4）DG1022U 信号发生器接到电路输入端 TP1，示波器接电路输出端 TP3。

（5）调节 DG1022U 信号发生器的正弦信号输出频率为 3.5 MHz，调节 C_2 使谐振放大器输出电压幅度 U_o 最大且波形不失真。此时调节信号发生器的信号输出幅值由 120 mV 变化到

1 000 mV，使谐振放大器的输出经历不失真到失真的过程，记录下最大不失真的 U_o 值（如找不到不失真的波形，可同时微调一下 W 和 C_2 来配合）并记下 U_B 值，将其他数据填入表2－2－1；

（6）再选 R_{e2}＝500 Ω，重复第（5）步的过程，结果记录在表 2－2－1；

（7）在相同的坐标上画出不同 I_c（由不同的 R_e 决定）时的动态范围曲线，并进行分析和比较。

表 2－2－1　谐振放大器的放大特性测量

U_{ip-p}/mV		20		150		500			1 000
U_{op-p}/V	R_{e1}＝2 kΩ								
	R_{e2}＝500 Ω								

3．用逐点法测量放大器的幅频特性，并计算通频带

（1）拨动开关 K_1，接通展宽电阻 R_3。

（2）拨动开关 K_2，选中 R_{e2}。

（3）拨动开关 K_3“RL”挡。

（4）DG1022U 信号发生器接到电路输入端 TP1，示波器接电路输出端 TP3。

（5）调节 DG1022U 信号发生器的正弦信号输出频率为 3.5 MHz，信号输出峰峰值为 300 mV（有效值 U_i 为 100 mV）左右，调节 C_2 使输出电压幅度 U_o 最大且波形不失真（注意检查一下此时可通过调节 W 调整谐振放大器的幅值）。以此时回路的谐振频率3.5 MHz 为中心频率，保持 DG1022U 信号发生器的信号输出幅度不变，改变频率由中心频率向两边偏离，测得在不同频率时对应的输出电压 U_o，频率偏离的范围根据实际情况确定。将测量的结果记录于表 2－2－2，并计算回路的谐振频率为 3.5 MHz 时电路的电压放大倍数和回路的通频带。

（6）拨动开关 K_1，断开 R_3，重复第（5）步，比较通频带的情况。

表 2－2－2　幅频特性和通频带测量

f/MHz							f_0					
$U_{op-p/V}$	R_3接入											
	R_3不接											

4．用频率特性测试仪 BT3C－A 测量单调谐放大器的幅频特性（演示）

六、实验报告要求

（1）画出实验电路的交流等效电路。

（2）整理各实验步骤所得的资料和图形，绘制出单谐振回路接与不接回路电阻 R_3 时的幅频特性和通频带，分析原因。

（3）分析 I_c 的大小不同对放大器的动态范围所造成的影响。

（4）谈谈实验的心得体会。

实验三　双调谐回路谐振放大器

一、实验目的

（1）进一步熟悉高频电路实验箱；
（2）熟悉双调谐回路放大器幅频特性分析测量方法；
（3）学会扫频仪的使用，并掌握应用扫频仪测量幅频特性。

二、预习要求

（1）复习谐振回路的工作原理；
（2）了解实验电路中各组件作用；
（3）了解双调谐回路谐振放大器与单调谐回路谐振放大器的不同之处；
（4）预习 BT3C－A 扫频仪的使用。

三、实验电路说明

本实验电路如图 2－3－1 所示。双回路谐振放大器电路利用谐振回路作为负载，利用谐振回路的选频特性实现具有滤波性能的窄带放大器。电路中，W，R_1，R_2 和 R_{e1} 为放大管 9013 的直流偏置电路，调节 W 可改变其直流工作点，从而改变放大器的放大量。C_2，C_3，L_1 构成一级调谐回路，C_{10}，C_9，L_2 构成二级谐振回路，调节 C_2，C_{10} 可以改变回路一和回路二的谐振频率。C_7，C_8 为级间耦合电容，改变 C_7，C_8 可以改变回路耦合系数。R_L 为负载电阻。

双回路谐振放大器正常的工作状态是两个回路都谐振在它的中心频率上，由于是两个回路因而谐振曲线有两个峰点呈马鞍型，马鞍的中点对应的频率就是双调谐放大器的中心频率。谐振曲线峰巅大小、马鞍是否对称、通频带宽窄等与回路参数和耦合系数有关。通常需要反复调整电路参数，使中心频率正确且马鞍对称。双回路谐振放大器的特点是通频带宽，但电路增益小，即同频带的展宽是以牺牲增益为代价的。

双调谐回路谐振放大器调谐振的最好方法是扫频法，即用扫频仪加信号进行电路调整。选好耦合电容，看着扫频仪上显示的幅频特性先调次级回路谐振，再调初级回路谐振，然后微调初、次级回路使中心频率在马鞍中点且两峰基本对称。幅频特性调整好后，可以从曲线上直接读出谐振放大器的中心频率、通频带和矩形系数。

四、实验仪器

DS1054Z 四通道数字示波器、DG1022U 双通道函数波形发生器、实验箱上高频信号发生器、BT3C－A 频率特性测试仪、实验箱及单、双调谐放大模块。

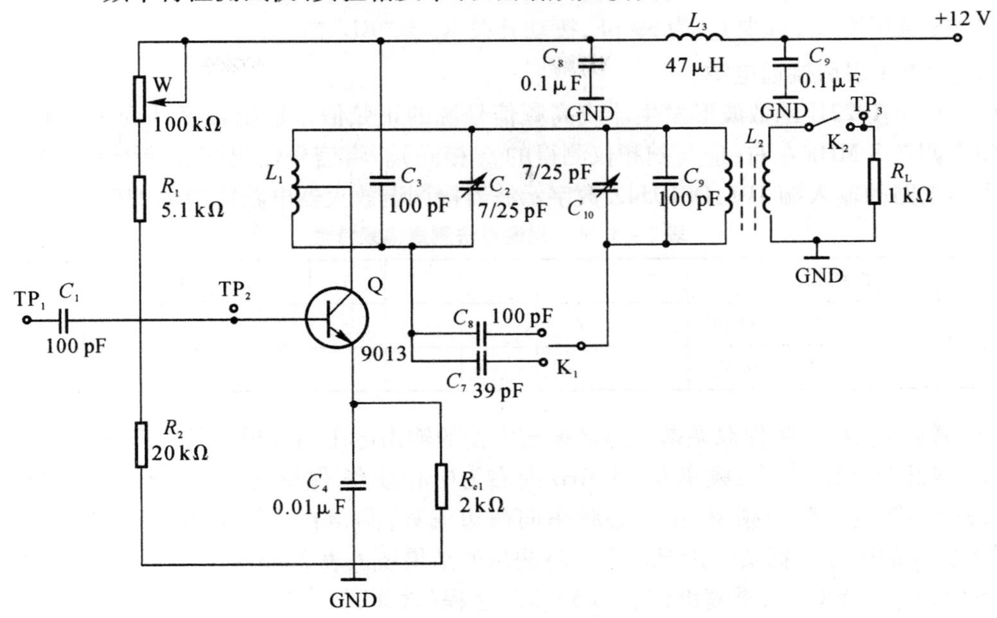

图 2－3－1　双回路谐振放大器电路

五、实验内容及步骤

1. 用扫频仪调整测量双调谐回路谐振放大器幅频特性

(1)拨动开关 K_1，选中 C_7 为 39p；拨动开关 K_2 至"RL"挡；

(2)检查无误后接通电源；

(3)将扫频仪调整测试好，按图 2－3－2 所示连接好电路，并将扫频仪衰减旋钮调到合适挡位。此时在扫频仪的显示屏上应显示出双调谐回路的幅频特性。

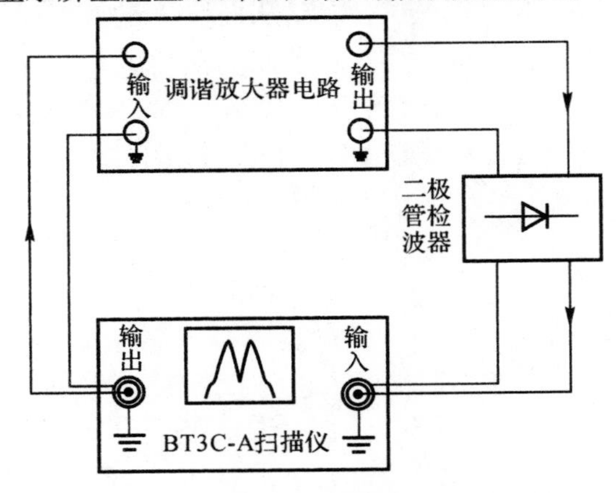

图 2－3－2　用扫频仪测幅频特性电路连接

(4)适当调节 C_2，C_{10} 使双峰对称且中心频率在 3 MHz 左右，观察记录波形并计算通频带。

(5)拨动 K_1 选中 C_8，观察调整幅频特性，并与前边作的特性曲线比较有何异同。

2. 用逐点法测量双调谐回路谐振放大器的频率特性：

（1）拨动开关 K_1，选中 C_7 为 39 pF；拨动开关 K_2 至“RL”挡。

（2）检查无误后接通电源。

（3）将 DG1022U 函数波形发生器或高频信号源的正弦信号输出幅度调为 150 mV 左右，输出频率调在 3 MHz 左右（应与扫频仪测得的 f_0 相同）。将信号输出端连接到双调谐回路谐振放大器电路的输入端 TP1，DS1054Z 数字示波器接调谐放大器电路输出端 TP3。

表 2－3－1　用逐点法测量幅频特性

f/MHz						3				
U_{op-p}/V	$C_8=100$ pF									
	$C_7=39$ pF									

（4）微调 C_2，C_{10}，W 使双调谐回路谐振放大器的输出电压幅度最大且波形不失真。

（5）以此时回路的谐振频率 $f_0=3$ MHz 左右为中心频率，保持高频信号源的信号输出幅度不变，改变高频信号源的频率，由中心频率向两边偏离，测得在不同频率时对应的输出电压 U_o，频率偏离的范围根据实际情况确定。将测量的结果填入表 2－3－1。

（6）选 C_8 为 100 pF，重复第（3）～（5）步的过程（选作）。

六、实验报告要求

（1）画出实验电路的交流等效电路；

（2）整理各实验步骤所得的资料和图形，绘制出双调谐回路接不同耦合电容时的幅频特性和通频带，分析原因；

（3）比较单、双调谐回路的优缺点；

（4）谈谈实验的心得体会。

实验四　丙类功率放大器

一、实验目的

（1）了解谐振功率放大器的基本工作原理，初步掌握高频功率放大电路的计算和设计过程；

（2）了解电源电压与集电极负载对功率放大器功率和效率的影响。

二、预习要求

（1）复习谐振功率放大器的原理及特点；

（2）分析图 2-4-1 所示的实验电路，说明各组件的作用。

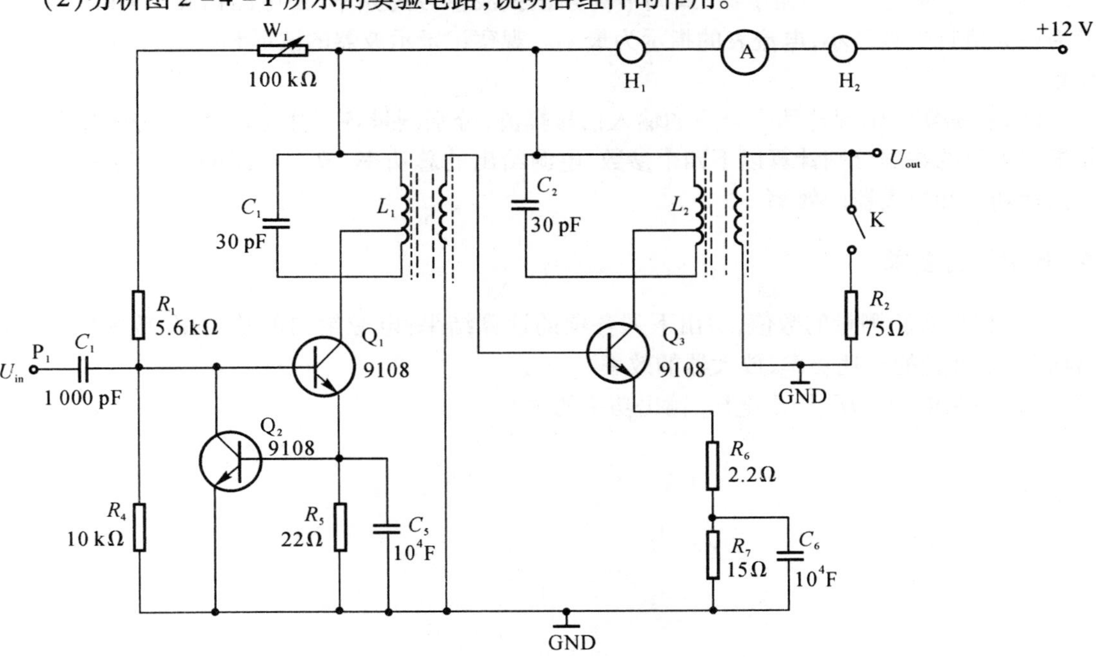

图 2-4-1　丙类功率放大器电路

三、实验电路

本实验电路如图 2-4-1 所示。本电路由两级组成，由 Q_1，Q_2 及外围器件构成前级推动放大,Q_2 起过流保护作用。Q_3 为负偏压丙类功率放大器,R_6,R_7 提供基极偏压(自给偏压电路),L_1 为输入耦合电路,主要作用是使谐振功放的晶体三极管的输入阻抗与前级电路的输出阻抗相匹配,L_2 为输出耦合回路,使晶体三极管集电极的最佳负载电阻与实际负载电阻相匹配,R_2 为负载电阻。

四、实验仪器

DS1054Z 数字示波器、DG1022U 函数波形发生器、万用表、电流表、实验箱及丙类功率放大模块。

五、实验内容及步骤

(1)接通电源前,调节电位器 W_1 到最大阻值,将开关拨到接通 R_2 的位置。

(2)在标示有“H_1”“H_2”两个点间串联电流表,挡位打到适当位置。

(3)接通电源,电源指示灯亮,调节 W_1,使电流表指示值最小(时刻注意监控电流不要过大,否则损坏晶体三极管)。

(4)用万用表测量 Q_3(3DG12)的发射极电压。通过原理图上的参数,可计算发射极电流。

(5)将示波器接在 U_{out} 和地之间,在 U_{in} 输入端接入频率为 8 MHz 幅度约为 100 mV 的高频正弦信号。调节 ZL_1,ZL_2,配合 W_1 调节缓慢增大高频信号的幅度,直到示波器出现波形。这时调节 L_1,L_2 使集电极回路谐振,或调节高频正弦波信号的频率,使电路谐振,即示波器的波形为最大值且失真最小,电流表的指示为最小。观察记录示波器的波形和幅值,记录电流表的读数。

(6)根据实际情况选两个合适的输入信号幅值,分别测量各工作电压和峰值电压及电流,并根据测得的数据分别计算以下四个参数:电源给出的总功率、放大电路的输出功率、三极管的损耗功率和放大器的效率。

六、实验报告要求

(1)根据实验测量的数值,写出下列各项的计算结果:电源给出的总功率、放大电路的输出功率、三极管的损耗功率、放大器的效率。

(2)说明电源电压、输出电压、输出功率的关系。

实验五 电容反馈三点式振荡器

一、实验目的

（1）通过实验深入理解电容反馈三点式振荡器的工作原理，熟悉电容反馈三点式振荡器的构成和电路各组件的作用；

（2）研究不同静态工作点对振荡器起振、振荡幅度和振荡波形的影响；

（3）学习使用示波器和频率计测量高频振荡器的振荡波形和频率的方法；

（4）观察电源电压和负载变化对振荡幅度和振荡频率及频率稳定性的影响。

二、预习要求

（1）复习 LC 振荡器的工作原理，了解影响振荡器起振、波形和频率变化的各种因素；

（2）了解实验电路中各组件的作用及电路的工作过程。

三、实验电路

三点式振荡器包括电感三点式振荡器和电容三点式振荡器。电容反馈三点式振荡器的典型电路有考毕慈振荡器、克拉波振荡器和西勒振荡器。

（一）几种典型的电容三点式振荡器电路

1. 电容反馈三点式电路 ——考毕慈振荡器

图 2－5－1 所示是基本的三点式电路，其缺点是晶体管的输入电容 C_i 和输出电容 C_o 对频率的稳定度影响较大，且频率不可调。

2. 串联改进型电容反馈三点式电路——克拉波振荡器

克拉波振荡电路如图 2－5－2 所示，其特点是在 L 支路中串联一个可调的小电容 C_3，并加大 C_1，C_2 的容量，谐振频率主要由 L 和 C_3 决定。电容 C_1，C_2 主要起电容分压反馈的作用，从而大大地降低了 C_i 和 C_o 对频率稳定度的影响，且频率可调。

3. 并联改进型电容反馈三点式电路——西勒振荡器

在串联改进型电容反馈式三点电路的基础上，在 L_1 两端并联一个小电容 C_4，就成了西勒振荡器，电路如图 2－5－3 所示，调节 C_4 可改变振荡频率。西勒电路的优点是进一步提高的频率的稳定度，振荡频率可以做得较高。该电路在短波、超短波通信机、电视接收等高频设备中得到非常广泛的运用。

（二）实验电路介绍

本实验所提供的电路就是并联改进型电容反馈三点式振荡电路——西勒振荡器，实验电路如图 2 -5 -4 所示。

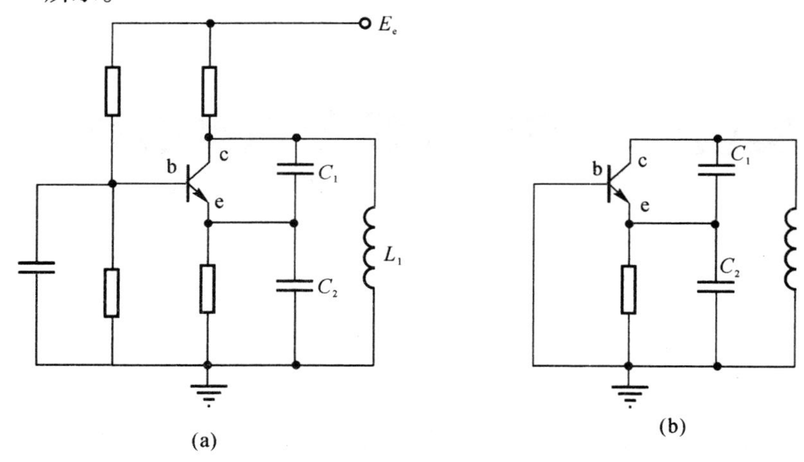

图 2 -5 -1　考毕慈振荡器

(a)考毕慈振荡器;(b) 交流等效电路

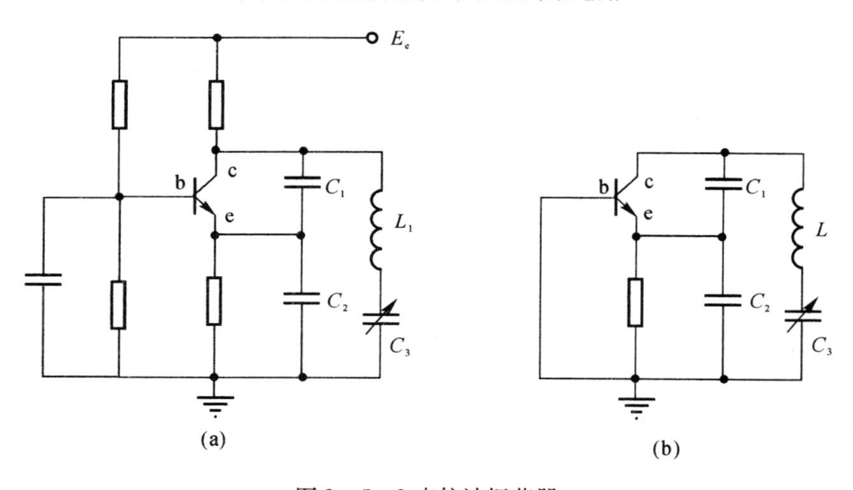

图 2 -5 -2 克拉波振荡器

(a)克拉波振荡器;(b) 交流等效电路

图中 C_2,C_3,C_4,C_5和 L_1组成振荡回路。Q_1的集电极直流负载为 R_3,偏置电路由 R_1,R_2,W 和 R_4构成,改变 W 可改变 Q_1的静态工作点。静态电流的选择既要保证振荡器处于截止平衡状态也要兼顾开始建立振荡时有足够大的电压增益。Q_2与 R_6,R_8组成射随器,起隔离作用。振荡器的交流负载实验电阻为 R_5。R_7的作用是为了用频率计(一般输入阻抗为几十欧)测量振荡器工作频率时不影响电路的正常工作。

振荡器要达到稳幅振荡,必须满足两个平衡条件:一是振幅平衡条件;二是相位平衡条件。

振幅平衡条件即 $|AF|\geqslant 1$,A 为放大器的放大倍数,F 为电路的反馈系数,$F = C_2/C_3$,通常在 1/8 ~ 1/2 之间取值较为适宜,选好 F, 调 W 可达到平衡条件。

相位平衡条件在电路中为反馈信号与输入信号同相,保证电路是正反馈,即振荡器的集电极 - 发射极和基极 - 发射极之间,电路元件性质相同(同是电感或者电容),并与集电极 - 基极之间回路元件电抗性质相反(如前者是容抗,后者必是感抗,反之亦反)。

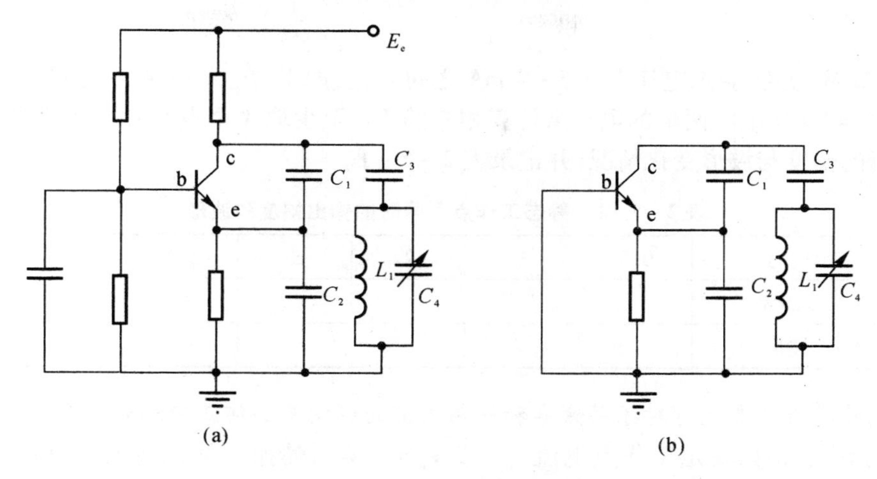

图 2－5－3　西勒振荡器

(a)希勒振荡器;(b) 交流等效电路

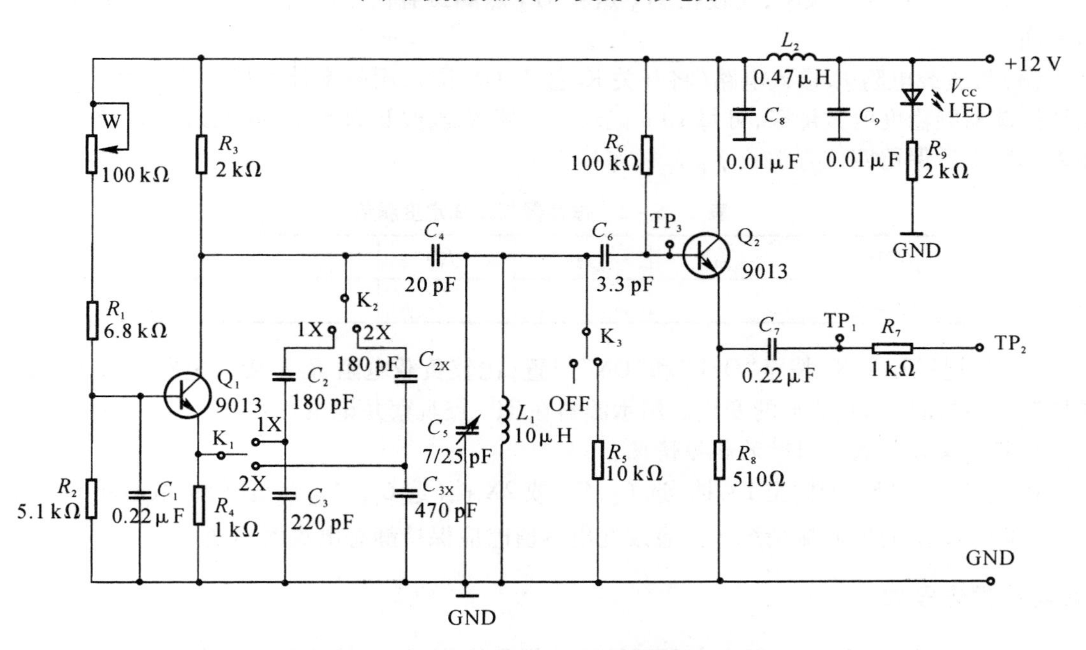

图 2－5－4　电容反馈三点式正弦振荡器电路

四、实验仪器

DS1054Z 数字示波器、数字万用表、SP1500C 数字频率计、实验箱及 LC 振荡、石英晶体振荡模块。

五、实验内容及步骤

1. 研究晶体三极管静态工作点不同时对振荡器输出幅度和波形的影响

(1)将开关 K_1 和 K_2 均拨至 1X 位，负载电阻 R_5 暂不接入，接通 +12 V 电源，调节 W 使振荡器振荡，振幅调到最大不失真，此时用示波器在 TP_1 观察记录不失真的正弦电压波形和幅值。

(2)调节 W 使 Q_1 静态电流在 0.5 ~4 mA 之间变化，即 V_e 在 0.5 ~4 V 之间变化(可用万用表测量 $R_4=1\ \mathrm{k}\Omega$ 电阻两端的电压来计算相应的 I_{eQ}，至少取 4 个点)，用示波器测量并列表记录 TP_1 点的幅度与波形变化情况，并记录表 2-5-1。

表 2-5-1 静态工作点不同时的输出幅度和波形

V_e/V	0.5	1	2	3	3.5	4
U_{pp}/V						
波形						

2. 研究外界条件变化时对振荡频率和振荡幅值的影响及如何正确测量振荡频率

(1)选择一合适的稳定工作点电流 I_{eQ}，设 $V_e=3$ V 时使振荡器正常工作，利用示波器在 TP_3 点和 TP_2 点分别观测振荡器的振荡幅值。

(2)用频率计测量频率，比较在 TP_3 点和 TP_2 点测量有何不同，再比较接与不接示波器有何不同。

(3)将负载电阻 R_5 接入电路(将开关 K_3 拨至 ON 位)，用频率计测量振荡频率的变化(为估计振荡器频稳度的数量级，可每 10 s 记录一次频率，至少记录 5 次)并填入表 2-5-2，测量频率小数点后保留四位有效数字。

表 2-5-2 振荡器频率稳定度测量

f/MHz	f_1	f_2	f_3	f_4	f_5
R_5接入					

(4)分别将开关 K_3 拨至“OFF”和“ON”位置，比较负载电阻 R_5 不接入电路和接入电路两种情况下，输出振幅和波形的变化。用示波器在 TP_1 点观察并记录。

3. 研究反馈系数不同时的起振情况

将开关 K_1 和 K_2 均拨至 1X 挡(选 C_2，C_3)或 2X 挡(选 C_{2X}，C_{3X})。比较选取不同的电容值 C_2，C_3 和 C_{2X}，C_{3X} 时的起振情况。注意改变电容值时应保持静态电流值不变。

六、实验报告要求

(1)逐项记录整理各项实验步骤所得的数据和波形，绘制输出振幅随静态电流变化的实验曲线。

(2)分析实验各步骤所得的结果和波形是否正确，写出实验结论和心得体会。

(3)回答问题：

1)为什么静态工作点电流不合适时会影响振荡器的起振？

2)振荡器负载的变化为什么会引起输出振幅和频率的变化？

3)在 TP_3 点和 TP_2 点用同一种仪器(频率计或示波器)所测得的频率不同是什么原因？哪一点测得的结果更准确？

4)说明本振荡电路的特点。

实验六　石英晶体振荡器

一、实验目的

（1）了解晶体振荡器的工作原理及特点；

（2）掌握晶体振荡器的设计方法及参数计算方法。

二、预习要求

（1）查阅晶体振荡器的有关资料，了解为什么用石英晶体作为振荡回路元件能使振荡器的频率稳定度大大提高；

（2）画出并联谐振型晶体振荡器和串联谐振型晶体振荡器的电路图，并说明两者在电路结构和应用上的区别；

（3）了解实验电路中各元件作用和电路的工作原理。

三、实验电路

本实验采用并联谐振型晶体振荡器，电路如图 2－6－1 所示。XT，C_2，C_3，C_4组成振荡回路。振荡管 Q_1的偏置电路由 R_1，R_2，W 和 R_4构成，改变 W 可改变 Q_1的静态工作点。静态电流的选择既要保证振荡器处于截止平衡状态也要兼顾开始建立振荡时有足够大的电压增益。振荡器的交流负载电阻为 R_5。R_6，R_7，R_8组成一个 π 型衰减器，起到阻抗匹配的作用。

四、实验仪器

DS1054Z 数字示波器、数字万用表、SP1500C 数字频率计、实验箱及 LC 振荡器、石英晶体振荡器模块。

五、实验内容及步骤

1. 接通电源，测量晶体振荡器的静态工作点

（1）调整图中电位器 W，先测得 V_{emin}和 V_{emax}，然后计算出相应的 I_{emin}和 I_{emax}（$I_e = U_e/R_e$）。

（2）将示波器接到 U_{out}处，调节 W，观测电路的振荡波形和幅值大小，并记录观测过程和最大不失真幅值。

（3）测量停振时的静态工作点和振荡波形幅度最大且不失真时的静态工作点并进行比较（注：工作点即测量 V_b，V_e，V_c）。

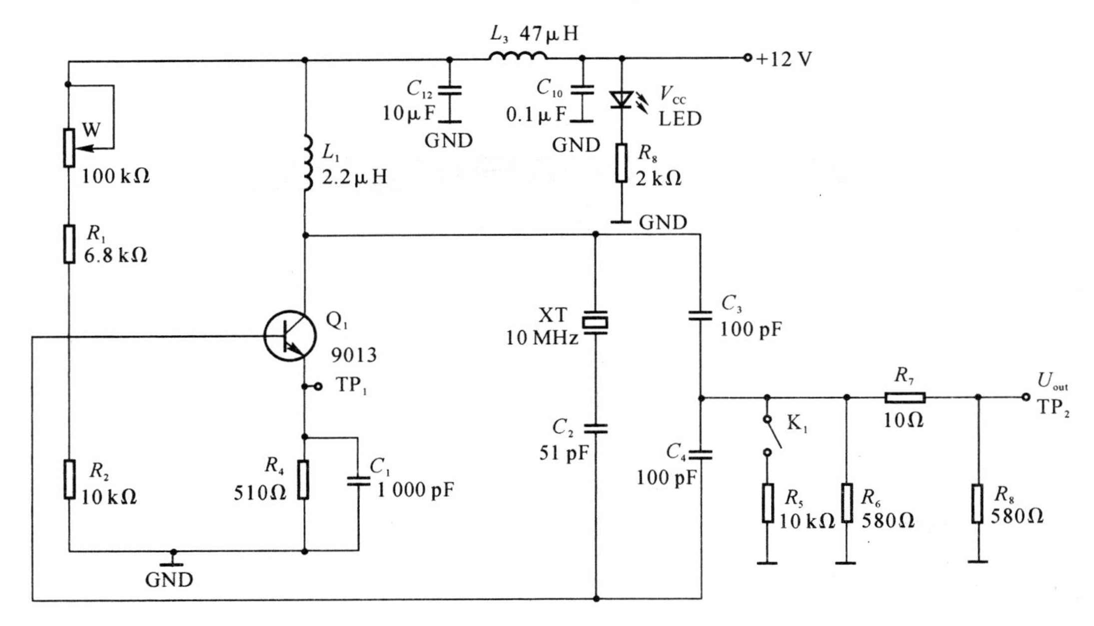

图 2－6－1　并联型晶体振荡器电路

2. 测量当工作点在表 2－6－1 范围时的振荡器频率及输出电压

表 2－6－1　工作电路变化对频率和幅值的影响

V_e/V	0.5	1	2	3	4
f/MHz					
U_{opp}/V					

3. 研究有无负载对振荡幅度和频率的影响

先将 K_1 拨至“OFF”，测出电路振荡频率和幅值，再将 K_1 拨至 R_5，继续测电路振荡频率和幅值，填入表 2－6－2，并与 LC 振荡器比较。

表 2－6－2　负载对振荡器的影响

K_1 位置	OFF	R_5
f/MHz		
U_{opp}/V		

六、实验报告要求

（1）画出实验电路的交流等效电路；

（2）整理实验数据资料；

（3）比较晶体振荡器与 LC 振荡器带负载能力的差异，并分析原因；

（4）说明本电路的优点。

实验七　幅度调制器
——模拟乘法器实现平衡调幅

一、实验目的

（1）掌握集成模拟乘法器的基本工作原理；

（2）掌握集成模拟乘法器构成的振幅调制电路的工作原理及特点；

（3）学习调制系数 m 及调制特性（$m-U_{\Omega m}$）的测量方法，了解 $m<1$ 和 $m=1$ 及 $m>1$ 时调幅波的波形特点。

二、预习要求

（1）预习幅度调制器的有关知识；

（2）认真阅读实验指导书，分析实验电路中用 MC1496 乘法器调制的工作原理，并分析计算各引脚的直流电压；

（3）了解调制系数 m 的意义及测量方法；

（4）分析全载波调幅信号的特点；

（5）了解实验电路中各组件作用。

三、实验电路

1. 模拟乘法器电路介绍

本实验采用集成模拟乘法器 MC1496 来构成调幅器，图 2－7－1 为 1496 芯片内部电路图，它是一个四象限模拟乘法器的基本电路，电路采用了两组差分对由 $V_1\sim V_4$组成，$V_1\sim V_4$以反极性方式相连接，而且两组差分对的恒流源又组成一对差分电路，即 V_5与 V_6，因此恒流源的控制电压可正可负，以此实现四象限工作。D，V_7，V_8为差动放大器 V_5，V_6的恒流源。

图 2－7－2 是 MC1496 的管脚功能和管脚排列图，进行调幅时，载波信号加在 $V_1\sim V_4$的输入端，即引脚 8，10 之间；调制信号加在差动放大器 V_5，V_6的输入端，即引脚 1，2 之间，2，3 脚外接 100 Ω 电阻，以扩大调制信号动态范围，已调制信号取自双差动放大器的两集电极（即引出脚 6，12 之间）或单端输出。

MC1496 管脚功能如下：

1—SIG＋信号输入正端；2，3—GADJ 增益调节端；4—SIG－信号输入负端；5—BIAS 偏置端；6—OUT＋正电流输出端；8—CAR＋载波输入正端；10—CAR－载波输入负端；12—OUT－负电流输出端；14—负电源；7，9，11，13—NC。

本系统平衡调幅、同步检波、鉴频、混频四个单元实验均采用 MC1496 模拟乘法器实现。

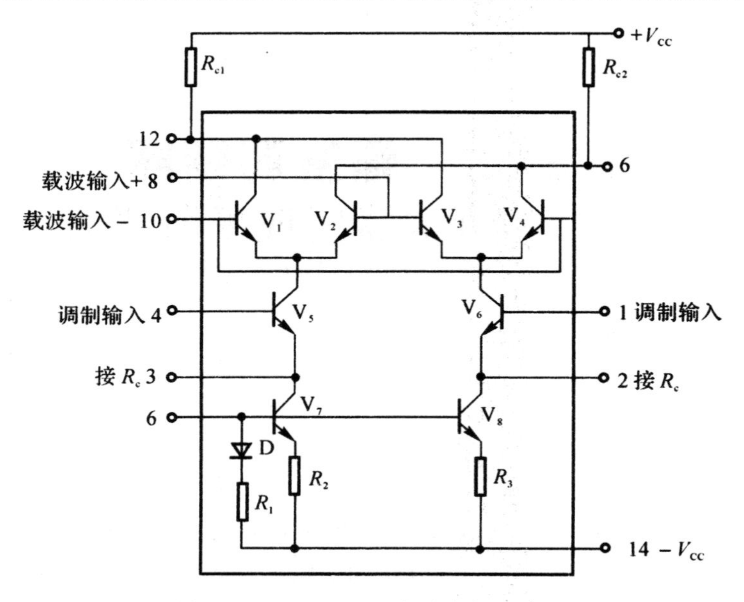

图 2-7-1　MC1496 芯片内部电路图

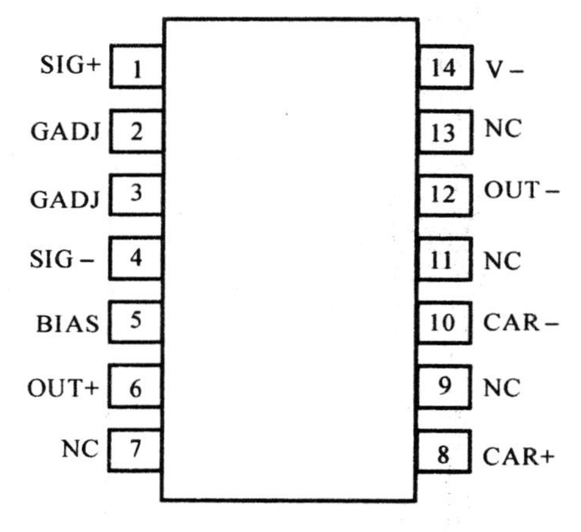

图 2-7-2　MC1496 管脚功能及排列

2. *实验原理*

幅度调制就是载波的振幅受调制信号的控制做周期性的变化。振幅变化周期与调制信号周期相同，振幅变化大小与调制信号的振幅成正比。通常称高频信号为载波信号，低频信号为调制信号，调幅器即为产生调幅信号的装置。

用 MC1496 集成电路构成的调幅器电路如图 2-7-3 所示，图中 R_w 用来调节引出脚 1,4 之间的平衡，载波信号加到电路的 TP_1 端，通过 C_1，R_6 耦合输入到相乘器的输入端（即引脚 8，10 之间），调制信号加到 TP_2 端（即引脚 1,4 之间），已调信号从 6 脚输出。三极管 Q_1 为射极跟随器，以提高调幅器带负载的能力。

MC1496 是一个集成模拟乘法器电路。模拟乘法器是一种完成两路互不相关的模拟信号（连续变化的两个电压或电流）相乘作用的电子器件。它是利用晶体管特性的非线性巧妙地进行结合实现调幅的电路，使输出中仅保留晶体管非线性所产生的两路输入信号的乘积这一项，从而获得良好的乘法特性。图中 MC1496 芯片引脚 1 和引脚 4 接两个 51 Ω 和两个 75 Ω 电阻及 51 kΩ 电位器用来调节输入馈通电压，调偏电位器 W，有意引入一个直流补偿电压，由

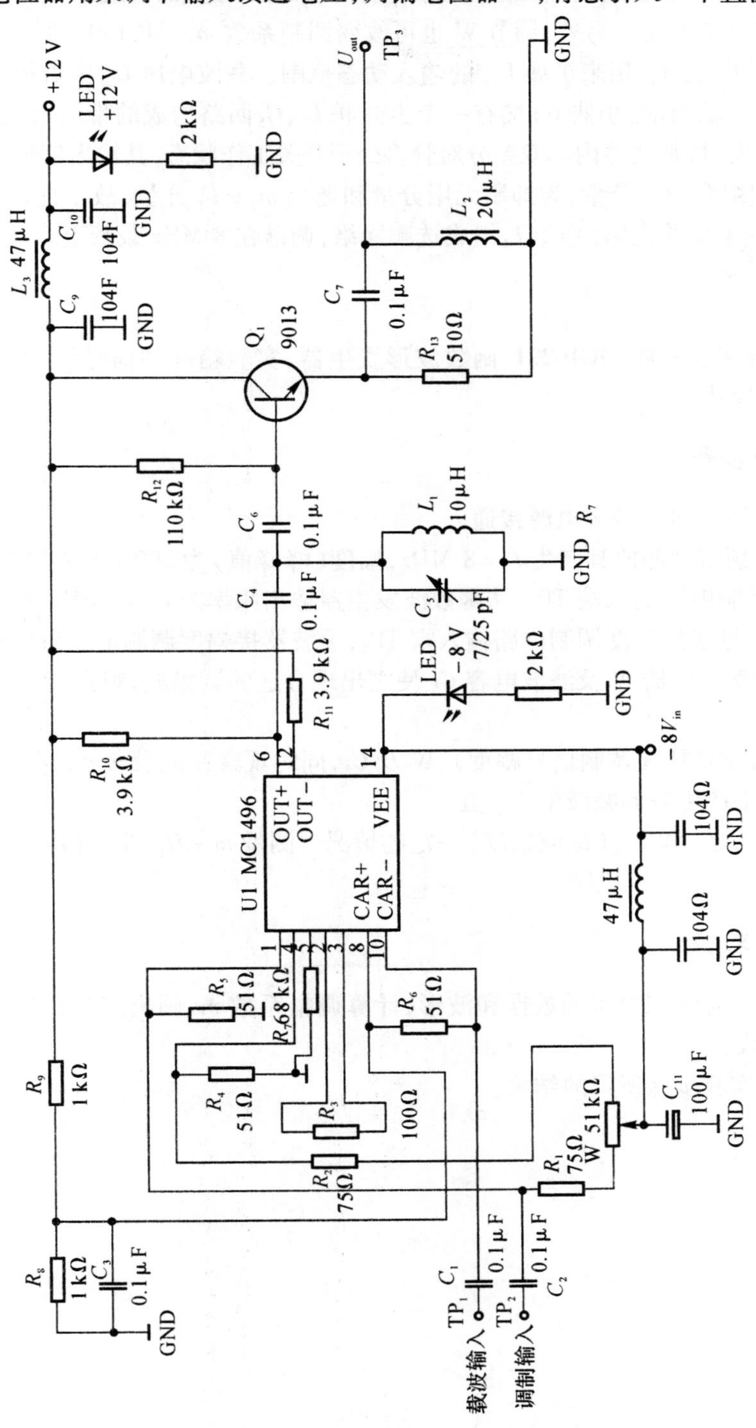

图 2－7－3　MC1496 构成的振幅调制电路

于调制电压 U_{Ω} 与直流补偿电压相串联，相当于给调制信号 U_{Ω} 叠加了某一直流电压后与载波电压 U_c 相乘，从而完成普通调幅。如需要产生抑制载波双边带调幅波，则应仔细调节 W，使 MC1496 输入端电路平衡。另外，调节 W 也可改变调制系数 m。MC1496 芯片引脚 2 和引脚 3 之间接有负反馈电阻 R_3，用来扩展 U_{Ω} 的输入动态范围。载波电压 U_c 由引脚 8 输入。

MC1496 芯片输出端（引脚 6）接有一个由并联 L_1，C_5 回路构成的带通滤波器，原因是考虑到当 U_c 幅度较大时，乘法器内部双差分对管将处于开关工作状态，其输出信号中含有 $3\omega_c \pm \Omega$，$5\omega_c \pm \Omega$，…无用组合频率分量，为抑制无用分量和选出 $\omega_c \pm \Omega$ 分量，故不能用纯阻负载，只能使用选频网络。本实验电路由 C_5，L_1 组成选频网络，调谐在 8 MHz 载频上。

四、实验仪器

DS1054Z 数字示波器、DG1022U 函数波形发生器、实验箱高频信号源、万用表、实验箱及幅度调制、解调模块。

五、实验内容及步骤

（1）接通电源：-8V，12V 电源接通。

（2）调节高频信号源使其产生 $f_c = 8$ MHz，幅度（峰峰值）为 200 mV 左右的正弦信号作为载波接到幅度调制电路输入端 TP_1，从函数波发生器输出频率为 $f_{\Omega} = 1$ kHz，幅度为 600 mV 左右的正弦调制信号接到幅度调制电路输入端 TP_2，示波器接幅度调制电路输出端 TP_3。

（3）反复调整电位器 W 及滤波电容 C_5 使之出现合适的调幅波，观察记录其波形并测量调制系数 m。

（4）调整 U_{Ω} 的幅度（调制信号幅度），W 及 C_5，同时观察并记录 $m < 1$，$m = 1$ 及 $m > 1$ 时的调幅波形，并记下产生各调幅波的 U_{Ω} 值。

（5）在保证 f_c，f_{Ω} 和 U_{cm}（载波幅度）一定的情况下测量 $m - U_{\Omega}$ 曲线（注：改变 U_{Ω} 值，测量 m）。

六、实验报告要求

（1）整理各实验步骤所得的数据和波形，计算调幅系数 m、画出三种调幅波、绘制出 $m - U_{\Omega}$ 调制特性曲线；

（2）分析各实验步骤所得的结果。

实验八　调幅信号的解调
——模拟乘法器实现同步检波

一、实验目的

（1）进一步了解调幅波的原理，掌握调幅波的解调方法；

（2）了解大信号峰值包络检波器的工作过程、主要技术指标及波形失真，学习掌握检波器电压传输系数的测量方法；

（3）掌握用集成电路实现同步检波的方法。

二、预习要求

（1）复习二极管包络检波原理和模拟乘法器工作原理；

（2）复习用集成模拟乘法器构成的同步检波器的电路工作原理；

（3）了解实验电路中各组件的作用；

（4）了解检波器电压传输系数 K_d 的意义及测量方法。

三、实验电路说明

调幅波信号的解调实验电路有两种，一是二极管包络检波器，另一种是用集成模拟乘法器MC1496构成的同步检波器。

1. *幅度解调实验电路——二极管包络检波器*

二极管包络检波器电路如图2－8－1所示，二极管包络检波是利用检波二极管D单相导电和电容的充放电原理对已调波进行解调的。图2－8－1中的 C_1，C_2 为不同的检波负载电容，R_1 为直流负载电阻，当 C 取值过小时，检波器输出的纹波较大。R_2，R_3 为交流负载电阻，如取值过小，将出现负峰切割失真。

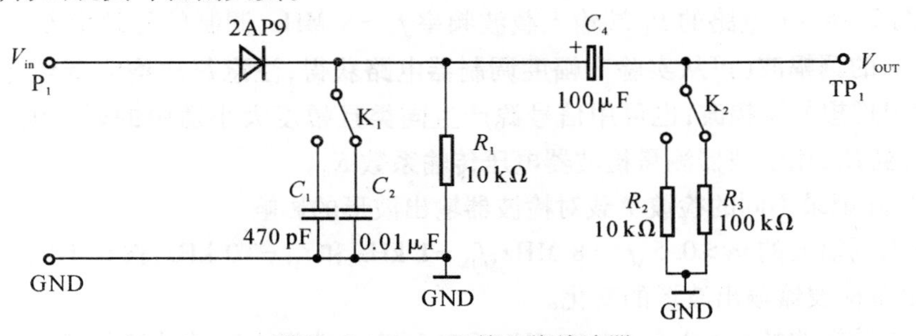

图2－8－1　二极管包络检波器

2. 幅度解调实验电路——MC1496 构成的同步检波器电路

同步检波器电路如图 2－8－2 所示，本电路中 MC1496 构成解调器，载波信号加在 8～10 脚之间，调幅信号加在 1～4 脚之间，相乘后得解调信号由 12 脚输出，解调出来的调制信号经 C_6，C_7 和 R_{12}组成的低通滤波器输出。

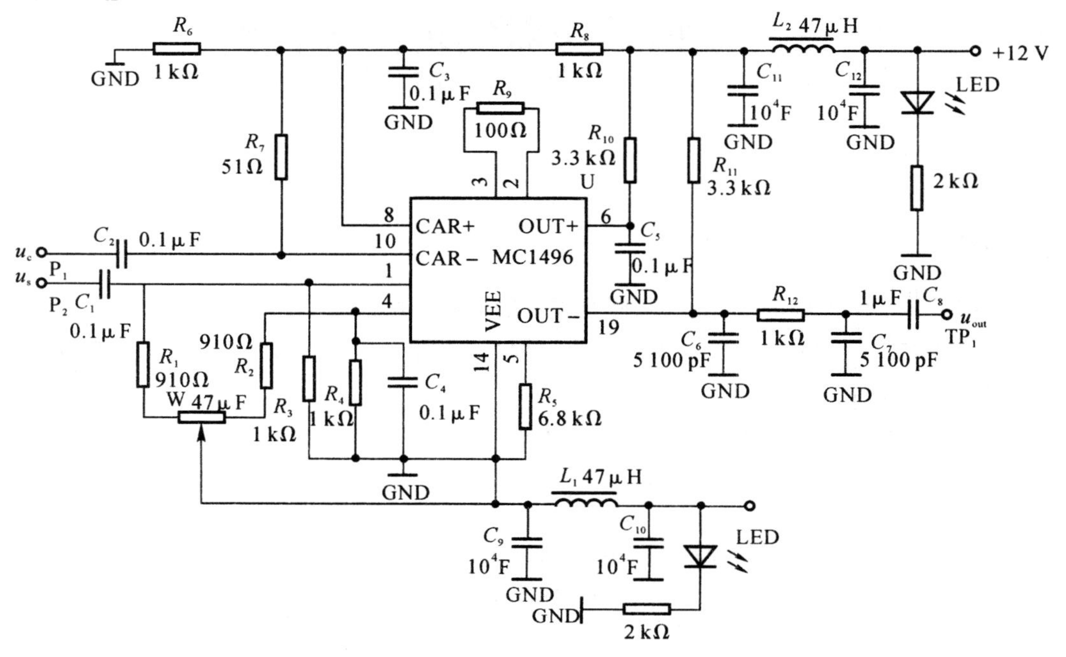

图 2－8－2 MC1496 构成的同步检波器电路

四、实验仪器

DS1054Z 数字示波器、DG1022U 函数波形发生器、实验箱高频信号源、万用表、实验箱及幅度调制、解调模块。

五、实验内容及步骤

1. 幅度解调——二极管包络检波器实验

（1）解调前先按实验七的方法步骤产生符合检波要求的调幅波；

（2）从图 2－8－1 电路的 P_1 端输入载波频率 $f_c=8$ MHz、调制信号频率 $f_\Omega=1$ kHz 左右、U_0为 1 V 左右的调幅波（可从实验七幅度调制器电路获得，注意每次均应调整好幅度调制器电路使其输出理想的调幅波；也可用信号源产生同类且幅度大小适中的调幅波）。K_1 接 C_2，K_2 接负载电阻 R_3，用示波器测量检波器电压传输系数 K_d。

（3）观察并记录不同的检波负载对检波器输出波形的影响

1）令输入调幅波的 $m>0.5$，$f_c=8$ MHz，$f_\Omega=1$ kHz 和 $f_\Omega=10$ kHz，选择不同的检波负载电容，观察并记录检波器输出波形的变化。

2）令输入调幅波的 $m>0.5$，$f_c=8$ MHz，$f_\Omega=1$ kHz，选择不同的外接负载电阻 R_2和 R_3，观察并记录检波器输出波形的变化，此时，接入的检波电容应选择合适的电容值。

2. 幅度解调——MC1496 构成的同步检波器电路实验

(1)按实验七的方法步骤产生符合检波要求的调幅波(或用信号发生器产生调幅波);

(2)从高频信号源输出$f_c=8$ MHz,$U_c=200$ mV 的正弦信号,加到图 2－8－2 所示幅度解调电路的 P_1 端作为同步信号(同步信号与调幅电路的载波相同);

(3)从图 2－8－2 幅度解调电路的 P_2端依次输入载波频率$f_c=8$ MHz,$f_\Omega=1$ kHz ,U_o值为 1 V 左右,调制度分别为 $m=0.5$ 左右、$m=1$ 及 $m>1$ 的调幅波。分别记录解调输出波形,并与调制信号相比较(提示:作的过程是产生一种波,解调一种波)。

(4)产生抑制载波的双边带调幅波加至图 2－8－2 所示电路的 P_2 端,观察并记录解调输出波形,并与调制信号相比较。

六、实验报告要求

(1)整理各实验步骤所得的资料和波形,并对各实验步骤所得的结果进行分析,写出结论。

(2)要求调制、解调波形对应画,图上标注特征参数。

(3)在二极管包络检波器电路中,如果 $m=0.5$,$R_1=10$ kΩ,$f_\Omega=1$ kHz,试估算一下本实验不产生惰性和负峰失真时,负载电阻和检波负载电容值应各是多少?

(4)试说明两种解调电路的优缺点。

(5)实验的心得体会。

实验九　变容二极管频率调制

一、实验目的

（1）了解变容二极管调频电路原理和测试方法；

（2）了解调频器调制特性及主要性能参数的测量方法；

（3）观察寄生调幅现象，了解其产生原因及消除方法。

二、预习要求

（1）复习变容二极管的非线性特性，及变容二极管调频振荡器调制特性；

（2）复习角度调制的原理和变容二极管调频电路的组成形式。

三、实验电路

1. 变容二极管调频原理

所谓调频就是将要传送的信息（如语音、音乐、正弦波等）作为调制信号去控制载波（高频振荡）的瞬时频率，使其按调制信息的规律变化。设调制信号为

$$U_{\Omega}(t) = V_{\Omega}\cos\Omega t \tag{2-9-1}$$

载波振荡电压为

$$a(t) = A_0\cos\omega_0 t \tag{2-9-2}$$

根据定义，调频时载波的瞬时频率 $\omega(t)$ 随 $U_{\Omega}(t)$ 呈线性变化，即

$$\omega(t) = \omega_0 + K_f V_{\Omega}\cos\Omega t = \omega_0 + \Delta\omega\cos\Omega t \tag{2-9-3}$$

则调频波的数学表达式如下：

$$a_f(t) = A_0\cos\left(\omega_0 t + \frac{K_f V_{\Omega}}{\Omega}\sin\Omega t\right) =$$

$$A_0\cos(\omega_0 t + m_f\sin\Omega t) \tag{2-9-4}$$

式中，$\Delta\omega = K_f V_{\Omega}$ 是调频波的瞬时频率最大偏移，简称频偏，与调制信号的振幅成正比。比例系数 K_f 亦称调制灵敏度，代表单位电压所引起的频偏。式中 $m_f = K_f V_{\Omega}/\Omega = \dfrac{\Delta\omega}{\Omega} = \dfrac{\Delta f}{F}$ 称为调频指数，是调频瞬时相位的最大偏移，它的大小反映了调制深度，由式（2-9-4）可见，调频波是一个等幅的稀密波，可以用示波器观察其波形。

如何产生调频信号？最简单最常用的方法就是利用变容二极管的特性直接产生调频波，其原理电路如图 2-9-1 所示。

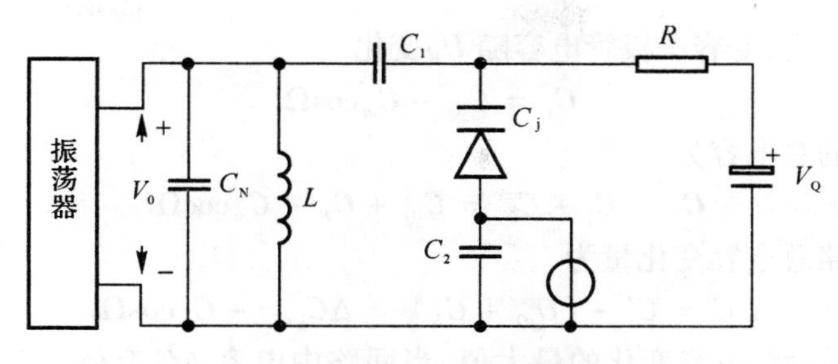

图 2-9-1　变容二极管调频原理电路

变容二极管 C_j 通过偶和电容 C_1，并接在 L,C_N 回路两端，形成振荡回路总电容的一部分。振荡回路总电容的大小为

$$C = C_N + C_j \tag{2-9-5}$$

振荡频率为

$$f = \frac{1}{2\pi\sqrt{LC}} = \frac{1}{2\pi\sqrt{L(C_N + C_j)}} \tag{2-9-6}$$

加在变容二极管两端的偏压为

$$U_R = V_Q(\text{直流反偏}) + U_\Omega(\text{调制电压}) + U_0(\text{高频振荡,可忽略}) \tag{2-9-7}$$

变容二极管利用 PN 结的结电容制成，在反偏电压的作用下呈现一定的结电容（势垒电容），而且这个电压能够灵敏地随着反偏电压在一定的范围内变化，其关系曲线称 $C_j - U_R$ 曲线，如图 2-9-2 所示。

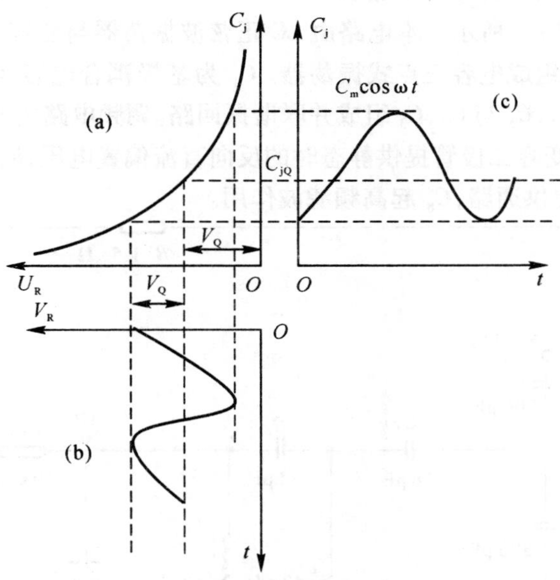

图 2-9-2　用调制信号控制变容二极管结电容

由图可见，未加调制电压时，直流反偏 V_Q 所对应的结电容为 $C_{j\Omega}$。当反偏增大时，C_j 减小；反偏减小时，C_j 增大，其变化具有一定的非线性，当调制电压较小时，近似为工作在 $C_j - U_R$ 曲线的线性段，C_j 将随调制电压线性变化。当调制电压较大时，将给调频带来一定的非线性失真。

由图 2-9-2 可见，变容二极管电容随 U_R 变化

$$C_j = C_{jQ} - C_m\cos\Omega t \tag{2-9-8}$$

此时振荡回路的总电容为

$$C' = C_j + C_N = C_{jQ} + C_N - C_m\cos\Omega t \tag{2-9-9}$$

由此可得出振荡回路总电容变化量为

$$\Delta C = C' - (C_{jQ} + C_N) = \Delta C_j = -C_m\cos\Omega t \tag{2-9-10}$$

式中，C_m 为变容二极管结电容变化的最大值，当回路中电容 ΔC 有微量变化时，频率 Δf 也会变化，其关系如下：

$$\frac{\Delta f}{f_0} \approx \frac{1}{2} \times \frac{\Delta C}{C_0} \tag{2-9-11}$$

式中，f_0 是未调制时的载波频率；C_0 是调制信号为零时的回路总电容，显然

$$C_0 = C_N + C_{jQ} \tag{2-9-12}$$

f_0 为

$$f_0 = \frac{1}{2\pi\sqrt{L(C_N + C_{jQ})}} \tag{2-9-13}$$

通过以上公式可求出振荡频率为

$$f(t) = f_0 + \Delta f(t) = f_0 + \Delta f\cos\Omega t \tag{2-9-14}$$

由此可见，频率变化随调制电压线性变化，从而实现了调频。

2. 变容二极管频率调制实验电路原理

实验电路如图 2-9-3 所示。本电路由 LC 正弦波振荡器与变容二极管调频电路两部分组成。图中晶体三极管组成电容三点式振荡器。C_1 为基极耦合电容，Q 的静态工作点由 W_1，R_1，R_2 及 R_4 共同决定。L_1，C_5 与 C_2，C_3 组成并联谐振回路。调频电路由变容二极管 D_1 及耦合电容 C_6 组成，W_2 与 R_6 为变容二极管提供静态时的反向直流偏置电压，R_5 为隔离电阻。C_7 与高频扼流圈 L_2 给调制信号提供通路，C_8 起高频滤波作用。

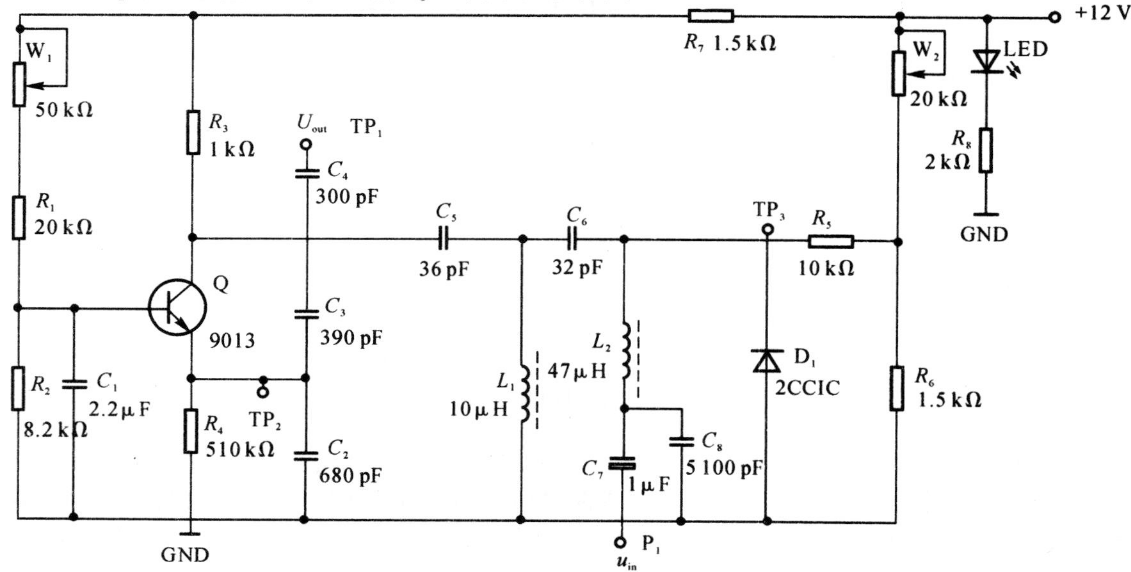

图 2-9-3 变容二极管调频振荡器电路

四、实验仪器

双踪示波器 DS1054Z 数字示波器、DG1022U 函数波形发生器、DSA815 频谱分析仪 、万用表、数字频率计、实验箱及频率调制电路和相位鉴频器电路模块。

五、实验内容及步骤

1. 静态调制特性测量

（1）接通电路电源；

（2）U_{in}输入端不接调制信号，将频率计接到 U_{out} 端准备测量频率，示波器接 TP_3 点观测波形；

（3）调节 W_1使振荡器起振，且波形不失真，振荡器频率f_0约为 6 ~7 MHz，先注意观测振荡器的频率范围，然后调 W_1使f_0 =6.5 MHz；

（4）调节 W_2使 TP_3处的电压变化，将对应的频率填入表 2 –9 –1。

表 2 –9 –1　调频振荡器静调制特性测量

U_d/V	0.5							5.5
f_0/MHz				6.5				

2. 动态测试

（1）调节频率调制电路的f_0 =6.5 MHz，从 U_{in}端输入f =2 kHz 的调制信号 U_s，使 U_s 的幅值在 100 ~900 mV 内变化，用示波器在输出端观察调频波与 U_s幅值大小的关系，将对应的调频波形画出比较并写出实验结论；

（2）调节频率调制电路的f_0 =6.5 MHz，从 U_{in}端输入f =2 kHz，幅度约为 500 mV 的调制信号 U_s，在输出 U_{out}端观察 U_s 与调频波上下频偏的关系（用频率分析仪测量 Δf（MHz）），将对应的频率填入表 2 –9 –2。

表 2 –9 –2　用频率分析仪测调频波频偏

U_s/V	0	0.1	0.2	0.3	0.4	0.5	0.6	0.7	0.8	0.9
Δf 上/MHz										
Δf 下/MHz										

六、实验报告要求

（1）整理各项实验所得的资料和波形，绘制静态调制特性曲线。

（2）画出随调制信号幅度 U_m变化而变化的调频波。

（3）总结频率调制原理及调频波产生过程。

（4）求出调制灵敏度 S。

实验十　相位鉴频器
——模拟乘法器实现频率解调

一、实验目的

（1）掌握乘积型相位鉴频器电路的基本工作原理和电路结构；

（2）熟悉相位鉴频器和其特性曲线的测量方法；

（3）观察移相网络参数变化对鉴频特性的影响；

（4）通过将变容二极管调频器与相位鉴频器进行联机实验，了解调频和解调的全过程。

二、预习要求

（1）复习相位鉴频的基本工作原理和电路组成；

（2）认真阅读实验内容，了解实验电路中各组件的作用。

三、实验电路

1. 乘积型鉴频器

这里的乘积型相位鉴频主要由 MC1496 构成。鉴频是调频的逆过程，广泛采用的鉴频电路是相位鉴频器。鉴频原理是：先将调频波经过一个线性移相网络变换成调频调相波，然后再与原调频波一起加到一个相位检波器进行鉴频。因此，实现鉴频的核心部件是相位检波器。

相位检波又分为叠加型相位检波和乘积型相位检波，利用模拟乘法器的相乘原理可以实现乘积型相位检波，其基本原理是：在乘法器的一个输入端输入调频波 $U_s(t)$，其表达式为

$$U_s(t) = U_{sm}\cos[\omega_t + m_f\sin\Omega t] \quad (2-10-1)$$

式中，m_f 为调频系数，$m_f = \Delta\omega/\Omega$，或者 $m_f = \Delta f/f$，其中 $\Delta\omega$ 为调制信号产生的频偏。另一输入端输入经线性移相网络移相后的调频调相波 $U'_s(t)$，设其表达式为

$$U'_s(t) = U'_{sm}\cos\left\{\omega_c + m_f\sin\Omega t + \left[\frac{\pi}{2} + \varphi(\omega)\right]\right\} =$$

$$U'_{sm}\sin[\omega_c + m_f\sin\Omega t + \varphi(\omega)] \quad (2-10-2)$$

式中，第一项为高频分量，可以被滤波器滤掉。第二项是所需要的频率分量，只要线性移相网络的相频特性 $\varphi(\omega)$ 在调频波的频率变化范围内是线性的，当 $|\varphi(\omega)| \leqslant 0.4\text{rad}$ 时，$\sin\varphi(\omega) \approx \varphi(\omega)$。因此鉴频器的输出电压 $U_o(t)$ 的变化规律与调频波瞬时频率的变化规律相同，从而实现了相位鉴频。所以相位鉴频器的线性鉴频范围受到移相网络相频特性的线性范围限制。

2. 鉴频特性

相位鉴频器的输出 $U_o(t)$ 与调频波瞬时频率 f 的关系称为鉴频特性，其特性曲线（或称 S

曲线）如图2－10－1所示。鉴频器的主要性能指标是鉴频灵敏度S_d和线性鉴频范围$2\Delta f_{max}$。S_d定义为鉴频器输入高频波单位的变化量，通常用鉴频特性曲线U_o-f在中心频率f_0处的斜率来表示，即$S_d = V_0/\Delta f$，$2\Delta f_{max}$定义为鉴频器不失真解调调频波时所允许的最大频率线性变化范围，$2\Delta f_{max}$可在鉴频特性曲线上求出。

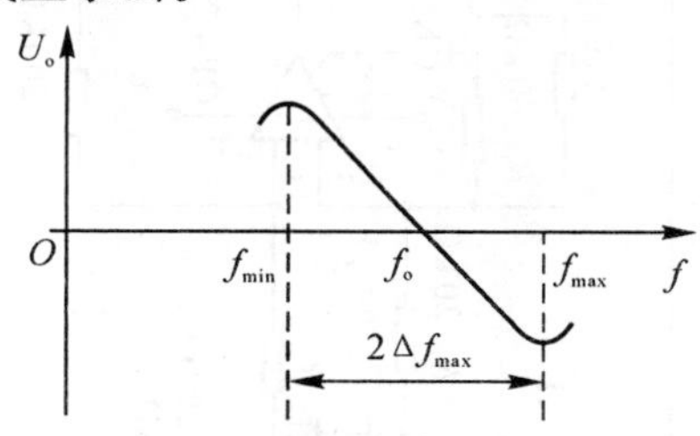

图2－10－1　相位鉴频特性

3. 乘积型相位鉴频器

用MC1496构成的乘积型相位鉴频器实验电路如图2－10－2所示。其中C_3，C_5，C_4，L_1共同组成线性移相网络，将调频波的瞬时频率的变化转变成瞬时相位的变化。分析表明，该网络的传输函数的相频特性$\varphi(\omega)$的表达式为

$$\varphi(\omega) = \frac{\pi}{2} - \arctan\left[Q\left(\frac{\omega^2}{\omega_0^2} - 1\right)\right] \qquad (2-10-3)$$

当$\frac{\omega}{\omega_0} \ll 1$时，式（2－10－3）可近似表示为

$$\varphi(\omega) = \frac{\pi}{2} - \arctan\left(Q\frac{2\omega}{\omega_0}\right) \qquad (2-10-4)$$

式中，f_0为回路的谐振频率，与调频波的中心频率相等。Q为回路品质因数，Δf为瞬时频率偏移，相移φ和频偏Δf的特性曲线如图2－10－3所示。由图可见：在$f = f_0$时，即$\Delta f = 0$时相位等于$\frac{\pi}{2}$，在Δf范围内，相位随频偏呈线性变化，从而实现线性移相，MC1496的作用是将调频波与调频调相波相乘，其输出经RC滤波网络输出。

四、实验仪器

双踪示波器DS1054Z数字示波器、DG1022U函数波形发生器、万用表、SP1500C数字频率计、实验箱及频率调制、解调模块。

五、实验内容及步骤

1. 用逐点描绘法测绘乘积型相位鉴频器的静态鉴频特性

（1）用DG1022U函数波形发生器从U_{in}端输入一幅度约为500 mV，频率为6.5 MHz的正弦信号。

（2）将开关K_1拨至R_5挡。

（3）用万用表测鉴频器的输出电压：在5～8 MHz的范围内，以6.5 MHz为基准，每格0.2 MHz的间隔测量相应的输出电压，记录下来并绘制出静态鉴频特性曲线（注意：当6.5 MHz相位鉴频时，应使输出电压为零，如果不为零可以调可变电容C_5，归零后再继续进行实验）；

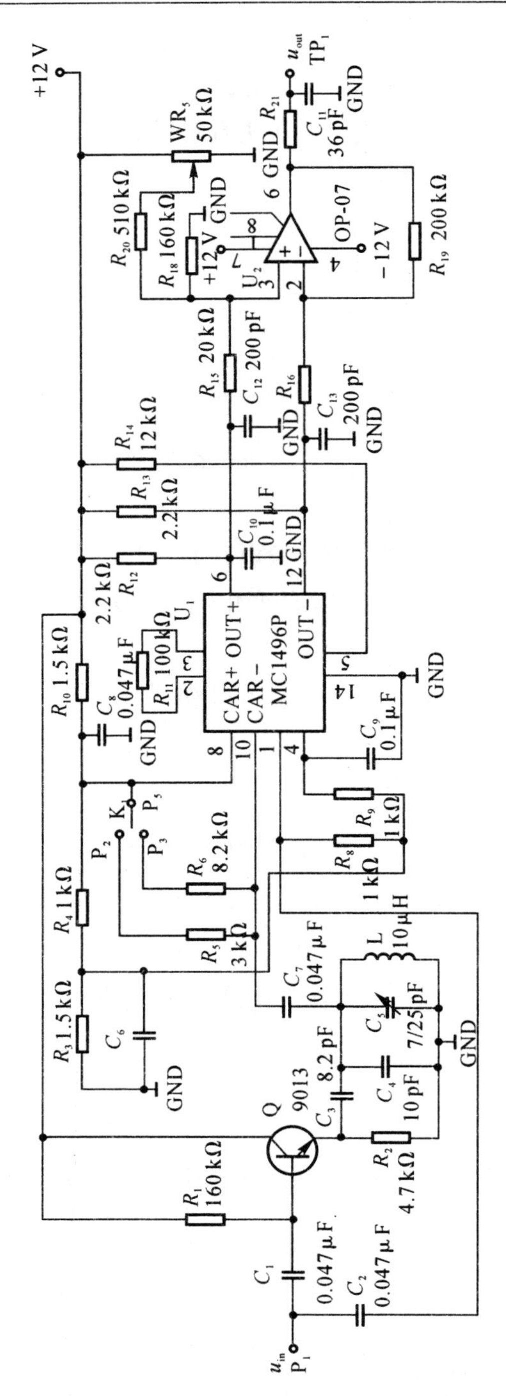

图 2－10－2　MC1496 构成的相位鉴频器电路

（4）将开关 K_1 拨至 R_6 挡，重复第（3）步的工作，并与之比较。

2. 观察调频信号解调的电压波形

（1）将调频电路中心频率调为 6～7 MHz 间（视电路情况而定）。

（2）将鉴频电路的中心频率也调谐为 6.5 MHz 左右（应与调频中心频率对应），鉴频电路

的 K_1 接 R_5。

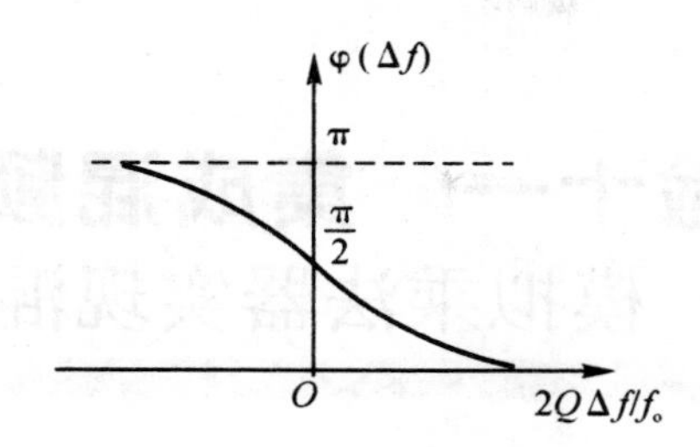

图 2-10-3　移相网络的相频特性

(3)将 $f=2$ kHz,幅值为 500 mV 的正弦调制信号加至图 2-10-1 所示调频电路的调制信号输入端 U_{in} 进行调频,用示波器(在图 2-10-1 调频电路的 TP_1 端)观测好调频信号,然后将调频输出信号送入相位鉴频器的输入端 P_1(U_{in} 孔)。

(4)用双踪示波器同时观测调制信号和解调信号,比较二者的异同。若波形正常将调制信号的幅度改变,观察波形变化,分析结果及原因;若解调波形不正常,调相位鉴频器的可调电容 C_5 或微调调频电路的中心频率 f_0,直到相位鉴频器的输出端观察到最大不失真正弦波为止。

3. 用扫频仪测量相位鉴频器的鉴频曲线

将扫频仪检测调节合适,按图 2-10-4 所示连接电路进行测试,描绘曲线并计算鉴频带宽。

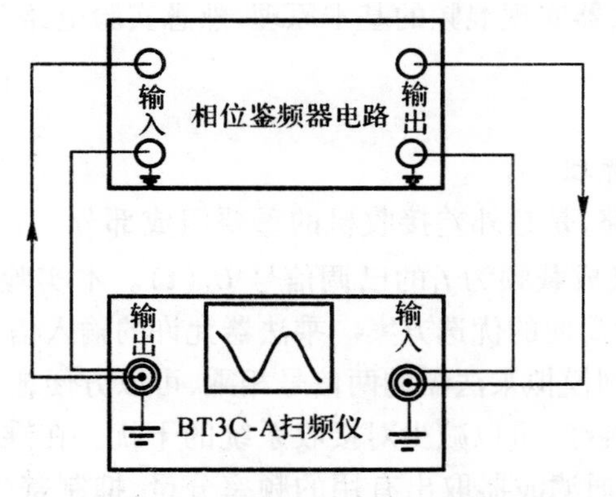

图 2-10-4　用扫频仪测量鉴频特性电路连接

六、实验报告要求

(1)整理各项实验所得的数据和波形,绘制出曲线;
(2)分析回路参数对鉴频特性的影响;
(3)分析讨论各项实验结果,写出实验结论。

实验十一　集成混频器

——模拟乘法器实现混频

一、实验目的

(1)了解集成乘积混频器的工作原理;

(2)了解本振电压幅度和模拟乘法器的偏置电流对混频增益的影响;

(3)学习利用直流负反馈改善集成混频器动态工作范围的方法;

(4)观察混频器寄生通道的干扰现象。

二、预习要求

(1)了解非线性电路、时变参量电路和变频器的基本原理;

(2)了解采用模拟乘法器实现混频的基本原理,熟悉实验电路及电路中各组件的作用。

三、实验电路

1. 集成混频电路工作原理

混频电路又称变频电路,是超外差接收机的重要组成部分。它的作用是将载频为f_s的已调信号$U_s(t)$不失真的变换成载频为f_I的已调信号$U_I(t)$。本实验利用集成模拟乘法器和带通滤波器实现混频,是一种简便的优选方案。乘法器允许的输入信号动态范围较大,有利于减少交调和互调失真。输入到模拟乘法器的两信号相乘,可以方便地产生两信号的和频与差频,且混频输出电流频谱较为纯净,可以减少对接收系统的干扰。在乘法器的输出端接一带通滤波器,电路用调谐在f_I的带通滤波器取出有用的频率分量,抑制寄生分量和其他频率,便得到所需的中频已调信号$U_I(t)$。

设加到模拟乘法器的本振信号为$U_L(t) = U_{LM}\cos\omega_L t$,本振频率为$f_L$;输入到乘法器的高频载波信号为$U_s(t) = U_{sM}\cos\omega_s t$,高频载波频率为$f_s$;混频输出的中频信号为$U_I(t) = U_{IM}\cos\omega_I t$,中频频率为$f_I$。其混频工作原理如图2-11-1所示。

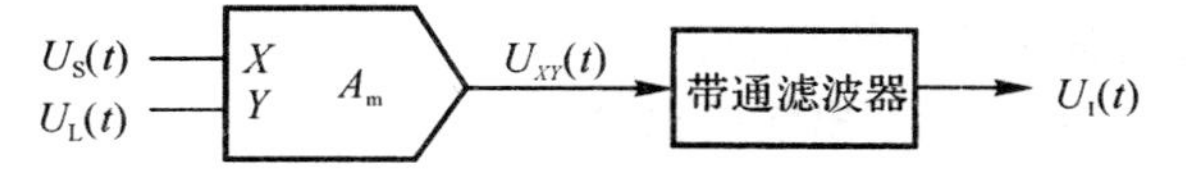

图2-11-1　乘法器实现混频原理框图

模拟乘法器的输出信号$U_{XY}(t)$见下式:

$$U_{XY}(t) = A_m U_S(t) U_L(t) =$$

$$\frac{1}{2}K_0U_{sM}U_{LM}[\cos(\omega_L+\omega_s)t+\cos(\omega_L-\omega_s)t] \qquad (2-11-1)$$

式中，K_0 为乘法器的传输系数。

经带通滤波器滤波（采用下混频）得到的中频信号 $U_I(t)$ 如式(2－11－2)所示

$$U_I(t)=\frac{1}{2}K_0K_dU_{sM}U_{LM}\cos(\omega_L-\omega_s)t=$$
$$U_{IM}\cos\omega_It \qquad (f_L>f_s) \qquad (2-11-2)$$

式中，K_d 为滤波器的传输系数。

本振、高频载波和中频三者频率间的关系见下式：

$$f_L-f_s=f_I \qquad (2-11-3)$$

2. 实验电路介绍

本实验电路如图2－11－2所示。图中，Q_1与电容 C_{13}，C_{14}，C_{15}，C_{18}及 L_1构成电容三点式振荡电路作为本地振荡器；Q_2和 Q_3分别构成两级射随器起缓冲隔离的作用；本振电压从 TP_1端馈入，信号电压从 TP_2端馈入；ZL，C_{19}，C_{20}构成中频滤波网络；Q_4为缓冲隔离级；中频回路调谐于2.5 MHz左右，从 U_{out}端输出中频电压。电路中的电位器 W_1用来调整振荡器的基极电压，保证$|AF|\geq1$，振荡器振荡幅度足够大；W_2接在 Q_2发射极，用来调整本振输出电压的大小；W_3接在乘法器1，4引脚之间，用来调节乘法器的偏置电流 I_s，从而可以调整乘法器的动态范围和波形失真。

四、实验仪器

DS1054Z数字示波器、DG1022U函数波形发生器、数字万用表、SP1500C数字频率计、实验箱及集成混频器模块。

五、实验内容及步骤

1. 测量 $U_{Im}-U_{Lm}$关系曲线（U_{Im}表示输出信号幅度，U_{Lm}表示本振信号幅度）：

(1) 检查电路无误后接通正、负电源。

(2) 调整本地振荡器。

将示波器接在 TP_1，调整 W_1和 C_{18}，使其起振并输出一个不失真的、振荡频率约为10.5 MHz的正弦本振信号 U_L；调整 W_2，使其幅度在200 mV左右，记录 U_L的频率、幅度值及波形。

(3) 调谐中频回路，测量混频后产生的中频信号。

中频回路调谐方法有以下两种：

方法1：调整中频回路参数 Z_L和 C_{19}，使中频回路谐振在中频频率上，对本电路而言即谐振在$f_I=f_L-f_S$频率上，数值约为2.5 MHz。

方法2：默认中频回路已调谐在中频频率f_I上，电路输入的本振频率f_L不变，改变（微调）用信号源加入的高频信号 $U_s(t)$的频率f_s，使 U_{out}处出现的正弦波形幅度最大且不失真，此时中频回路谐振频率为$f_I=f_L-f_s$。

实验步骤：本振信号 $U_L(t)$保持频率为$f_L=10.5$ MHz，输出幅度 U_{Lm}约为200 mV，从 TP_1端输入至混频器，然后调高频信号源输出的正弦信号频率$f_s=8$ MHz左右，输出电压幅度 $U_{sM}=$

200 mV,将此信号作为混频器输入从 TP_2 接入 $U_s(t)$。用示波器在 U_{out} 处测量波形,调 f_s 直到出现幅度最大且不失真的正弦波形为止。用频率计接 TP_3 孔测量频率(若采用方法 1,调节 C_{19},直到出现幅度最大不失真的正弦波形为止)。测量并记录中频调谐输出电压 U_I 的幅度及波形,测得的频率 f_I 应符合 $f_I = f_L - f_s$。

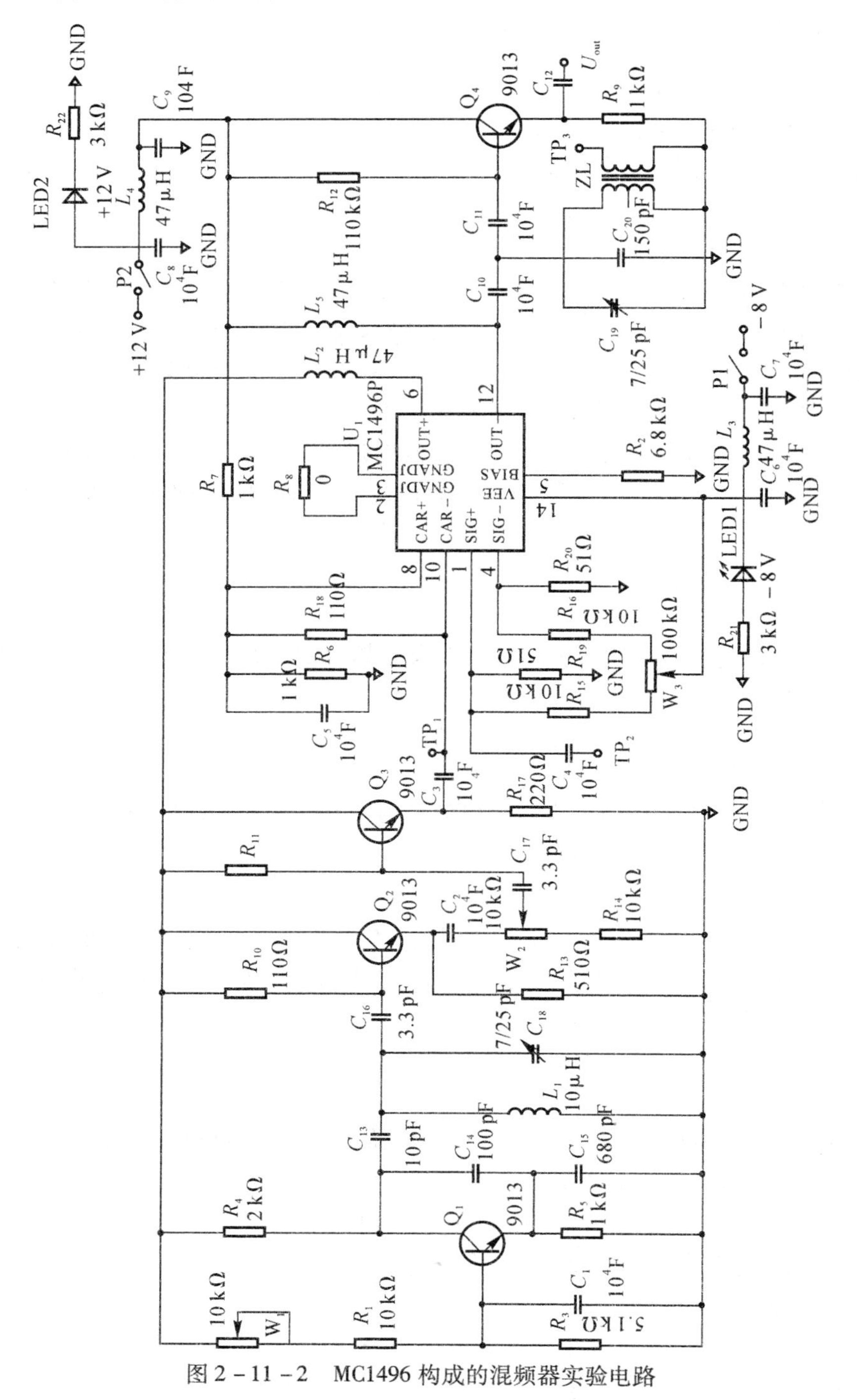

图 2-11-2　MC1496 构成的混频器实验电路

(4)然后调节 W_2改变 U_{Lm}大小(TP1 点测量),测量 $U_{Im}-U_{Lm}$关系曲线(测量时 U_{sM}不变,且至少测量 4 个点)。

2. 观察混频器中频干扰信号的分布情况

保持高频信号源输出电压幅度 $U_{sM}=200$ mV,将此信号作为混频器输入 U_s;本振信号的频率 $f_L=10$ MHz、输出幅度 $U_{LM}=200$ mV,频率在 1 MHz ~ 8 MHz 的范围内改变高频信号源输出信号频率,观察并记录哪些频率点上有明显的中频信号出现。

六、实验报告要求

(1)整理各项实验所得的数据和波形,绘制 $U_{Im}-U_{Lm}$的关系曲线。

(2)根据测得的干扰频率,说明它们分别属于混频过程中的哪种类型的干扰。

(3)回答问题:

1)集成混频器有何优缺点?

2)某种原因导致中频回路的谐振频率值与指导书给出的数值不一样,如果仍按书中给定的信号频率值加入高频信号,将会出现什么现象?如何解决?

(4)实验中可以任意改动中频回路参数吗?为什么?

实验十二　锁相环及压控振荡器

一、实验目的

（1）通过实验深入了解锁相环的工作原理和特点；

（2）了解锁相环环路的锁定状态、失锁状态、同步带、捕捉带等基本概念；

（3）掌握锁相环主要参数的测试方法。

二、预习要求

（1）复习锁相环工作原理，掌握环路主要部件、环路性能参数的测量方法；

（2）熟悉实验电路元器件和各部分的作用。

三、实验电路

本实验电路如图 2－12－1 所示。电路由两个单片锁相环 CD4046 及外围元件组成。U_1 构成一个振荡器，作为锁相环的输入信号。改变 W，可改变其输出信号的频率。U_2 构成锁相环，它的输出信号频率受输入信号的控制。锁相环由鉴相器（PD）、环路滤波器（LF）及压控振荡器（VCO）组成，如图 2－12－2 所示。

模拟锁相环中，PD 是一个模拟乘法器，LF 是一个有源或无源低通滤波器。锁相环路是一个相位负反馈系统，PD 检测 $U_i(t)$ 与 $U_o(t)$ 之间的相位误差并进行运算形成误差电压 $U_d(t)$，LF 用来滤除乘法器输出的高频分量（包括和频及其他的高频噪声）形成控制电压 $U_c(t)$，在 $U_c(t)$ 的作用下、$U_o(t)$ 的相位向 $U_i(t)$ 的相位靠近。设 $U_i(t) = U_i\sin[\omega_i t + \theta_i(t)]$，$U_o(t) = U_o\cos[\omega_i t + \theta_o(t)]$，则 $U_d(t) = U_d\sin\theta_e(t)$，$\theta_e(t) = \theta_i(t) - \theta_o(t)$，故模拟锁相环的 PD 是一个正弦 PD。设 $U_c(t) = U_d(t)F(P)$，$F(P)$ 为 LF 的传输算子，VCO 的压控灵敏度为 K_0，则环路的数学模型如图 2－12－3 所示。

当 $\theta_e(t) \leqslant \pi/6$ 时，$U_d\sin\theta_e(t) = U_d\theta_e$，令 $K_d = U_d$ 为 PD 的线性化鉴相灵敏度、单位为 V/rad，则环路线性化数学模型如图 2－12－4 所示。

上述数学模型进行数学分析，可得到以下重要结论：

（1）当 $U_I(t)$ 是固定频率正弦信号（$\theta_I(t)$ 为常数）时，在环路的作用下，VCO 输出信号频率可以由固有振荡频率 ω_O（即环路无输入信号、环路对 VCO 无控制作用时 VCO 的振荡频率），变化到输入信号频率 ω_I，此时 $\theta_O(t)$ 也是一个常数，$U_d(t)$，$U_c(t)$ 都为直流，我们称此为环路的锁定状态。定义 $\Delta\omega_O = \omega_I - \omega_O$ 为环路固有频差，$\Delta\omega_p$ 表示环路的捕捉带，$\Delta\omega_H$ 表示环路的同步带，模拟锁相环中 $\Delta\omega_p < \Delta\omega_H$。当 $|\Delta\omega_O| < \Delta\omega_P$ 时，环路可以进入锁定状态。当 $|\Delta\omega_O| < \Delta\omega_H$

时环路可以保持锁定状态。当$|\Delta\omega_O| > \Delta\omega_P$时，环路不能进入锁定状态，环路锁定后若$\Delta\omega_O$发生变化使$|\Delta\omega_O| > \Delta\omega_H$，环路不能保持锁定状态。这两种情况下，环路都将处于失锁状态。失锁状态下$u_d(t)$是一个上下不对称的差拍电压，当$\omega_I > \omega_O$，$u_d(t)$是上宽下窄的差拍电压；反

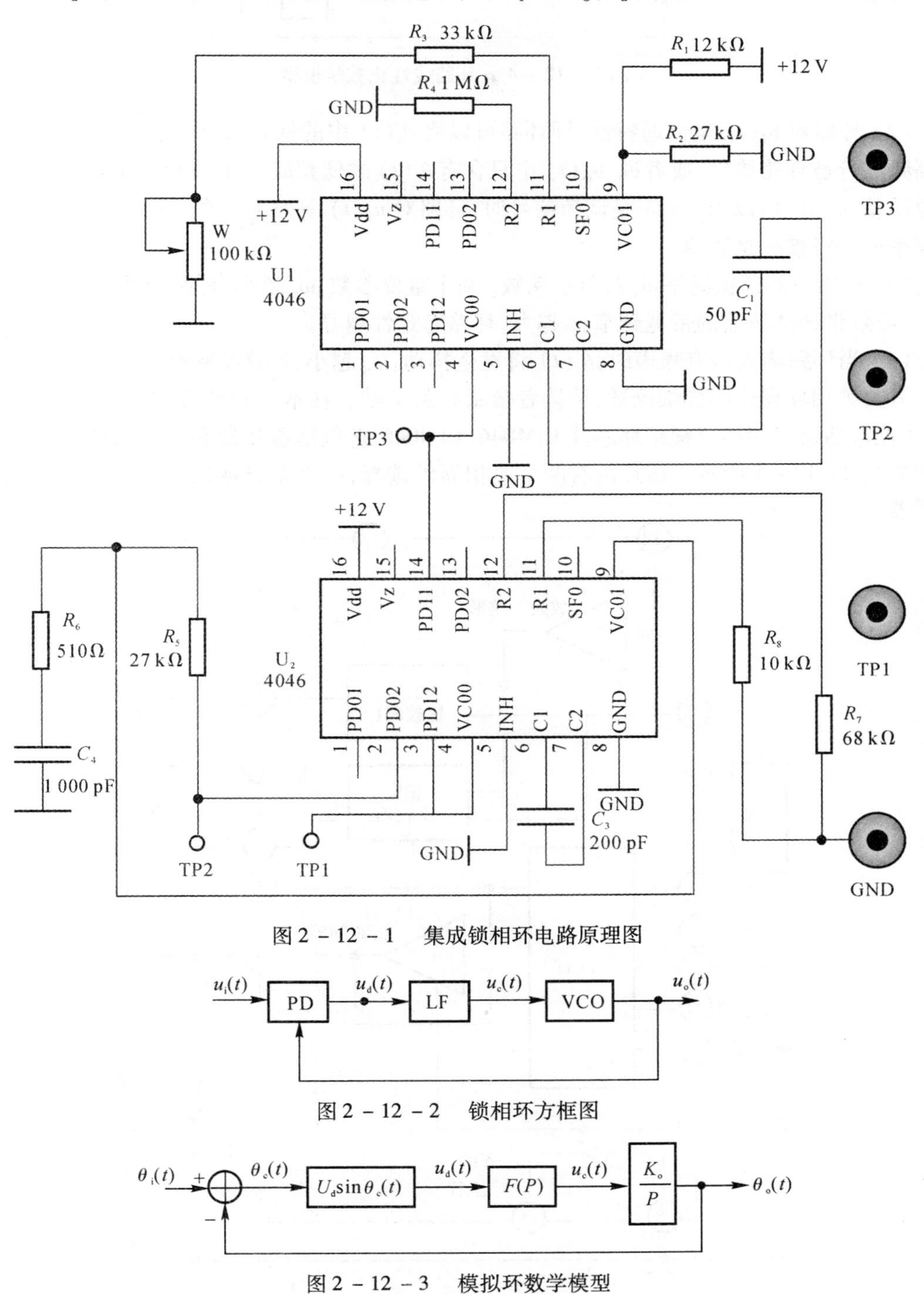

图 2－12－1　集成锁相环电路原理图

图 2－12－2　锁相环方框图

图 2－12－3　模拟环数学模型

之 $u_d(t)$ 是一个下宽上窄的差拍电压。

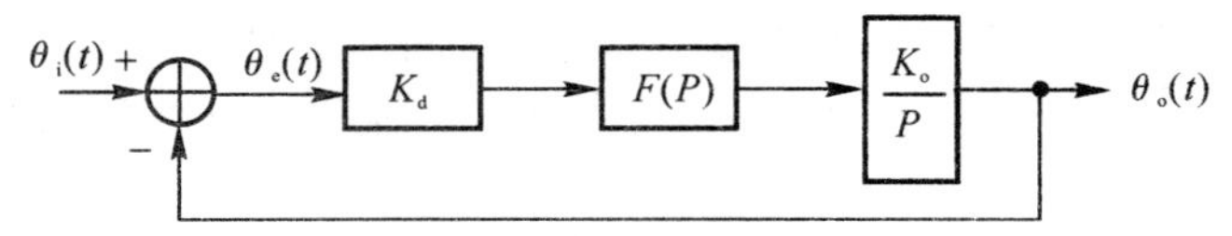

图 2－12－4　环路线性化数学模型

(2) 环路对 $\theta_I(t)$ 呈低通特性,即环路可以将 $\theta_I(t)$ 中的低频成分传递到输出端,$\theta_I(t)$ 中的高频成分被环路滤除。或者说,$\theta_O(t)$ 中只含有 $\theta_I(t)$ 的低频成分,$\theta_I(t)$ 中的高频成分变成了相位误差 $\theta_e(t)$。所以当 $u_I(t)$ 是调角信号时,环路对 $u_I(t)$ 等效为一个带通滤波器,离 ω_I 较远的频率成分将被环路滤掉。

(3) 环路自然谐振频率 ω_n 及阻尼系数 ζ 两个重要参数。ω_n 越小,环路的低通特性截止频率越小、等效带通滤波器的带宽越窄;ζ 越大,环路稳定性越好。

(4) 当环路输入端有噪声时,$\theta_I(t)$ 将发生抖动,ω_n 越小,环路滤除噪声的能力越强。

有关锁相环理论的详细论述,请读者参阅有关文献。在本实验装置中,鉴相器、环路滤波器、压控振荡器采用集成锁相环芯片 CD4046,CD4046 它包括鉴相器和压控振荡器,内部组成框图如图 2－12－5 所示。该片内有两个鉴相器供选择,一个是异或门鉴相器,一个是鉴频－鉴相器。

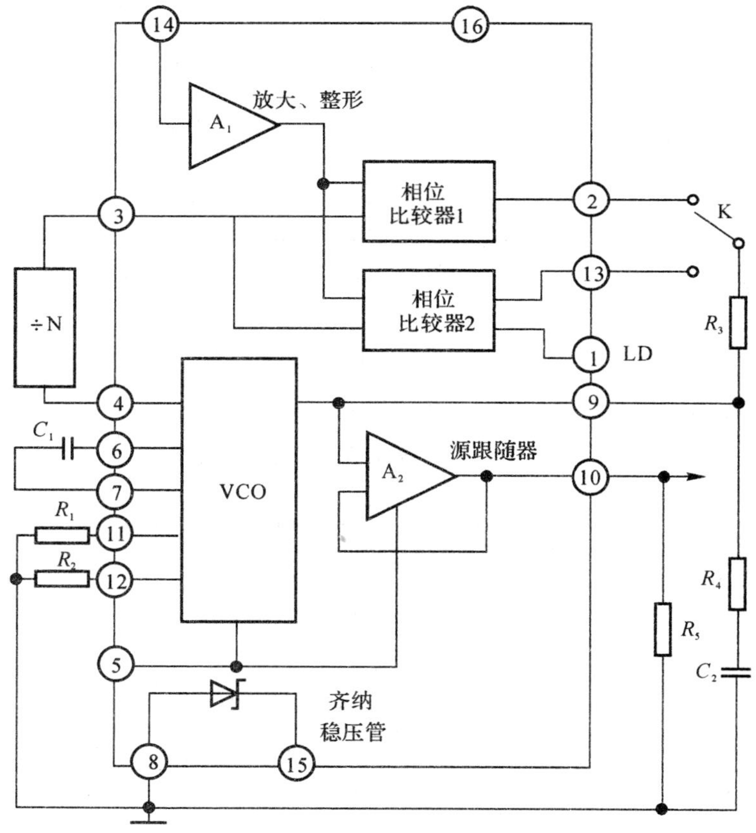

图 2－12－5　CD4046 内部组成框图

四、实验仪器

DS1054Z 数字示波器、DG1022U 双通道函数波形发生器、数字万用表、SP1500C 数字频率计、实验箱及集成锁相环、频率合成模块。

五、实验内容及步骤

观察模拟锁相环的锁定状态、失锁状态及捕捉过程。

环路锁定时，TP_2处的电压 U_d为近似锯型波的稳定波形，环路输入信号频率等于反馈信号频率，即 TP_3与 TP_1处的频率相等。环路失锁时 U_d为差拍电压（不稳定的波形，环路输入信号频率与反馈信号频率不相等，即此时 TP_3与 TP_1处的频率不相等）。

根据上述特点可判断环路的工作状态，具体实验步骤如下：

（1）观察锁定状态与失锁状态。接通电源后用示波器观察 TP_2处的电压 U_d，若 U_d为稳定的方波，这说明环路处于锁定状态。用示波器同时在 TP_1和 TP_3处观察，可以看到两个信号频率相等。也可以用频率计分别测量 TP_1和 TP_3频率。在锁定状态下，向某一方向变化 W_1，可使 TP_1和 TP_3处的频率不再相等，环路由锁定状态变为失锁。

接通电源后 TP_2点 U_d也可能是差拍信号，表示环路已处于失锁状态。失锁时 U_d的最大值和最小值就是锁定状态下 U_d的变化范围（对应于环路的同步范围）。环路处于失锁状态时，TP_1和 TP_3处的频率不相等。调节 W 使 U_d的频率改变，当频率改变到某一程度时 U_d会突然变成稳定的方波，环路由失锁状态变为锁定状态。

（2）观察环路的捕捉带和同步带：

环路处于锁定状态后，慢慢增大 W_1，使 U_d增大到锁定状态下的最大值 U_{d1}（此值不大于 +12V）；继续增大 W_1，U_d变为非稳定状态，环路失锁。再反向减小 W_1，U_d的频率逐渐改变，直至波形稳定。记环路刚刚由失锁状态进入锁定状态时鉴相器输出电压为 U_{d2}；继续减小 W，使 U_d减小到锁定状态下的最小值 U_{d3}；再继续减小 W，使环路再次失锁。然后反向增大 W，记环路刚刚由失锁状态进入锁定状态时鉴相器输出电压为 U_{d4}。

令 $\Delta V_1 = U_{d1} - U_{d3}$，$\Delta V_2 = U_{d2} - U_{d4}$，它们分别为同步范围内及捕捉范围内环路控制电压的变化范围，可以发现 $\Delta V_1 > \Delta V_2$。设 VCO 的灵敏度为 K_0（Hz/V），则环路同步带 Δf_H及捕捉带 Δf_P分别为 $\Delta f_H = K_0 \Delta V_1/2$，$\Delta f_P = K_0 \Delta V_2/2$。

应说明的是，由于 VCO 是晶体压控振荡器，它的频率变化范围比较小，调节 W_1时环路可能只能从一个方向由锁定状态变化到失锁状态，此时可用 $\Delta f_H = K_0(U_{d1} - 6)$或 $\Delta f_H = K_0(6 - U_{d3})$，$\Delta f_P = K_0(U_{d2} - 6)$或 $\Delta f_P = K_0(6 - U_{d4})$来计算同步带和捕捉带，式中 6 为 U_d变化范围的中值（单位：V）。

作上述观察时应注意：

（1）TP_2处的差拍频率低但幅度大，而 TP_1和 TP_3的频率高但幅度很小，用示波器观察这些信号时应注意幅度旋钮和频率旋钮的调整。

（2）失锁时，TP_1和 TP_3频率不相等，但当频差较大时，在鉴相器输出端电容的作用下，U_d幅度较小。此时向某一方向改变 W，可使 U_d幅度逐步变大、频率逐步减小，环路进入锁定状态。

（3）同步带、捕捉带的测量计算可以按照实验步骤（2）的方法做并进行计算，也可以采用如下方法来计算。

调节电位器 W，改变振荡器的振荡频率，当环路处于锁定状态后，慢慢增大 W，使 U_d增大到锁定状态下，并记下此时的频率 f_1；继续增大 W，U_d变为非平稳状态，环路失锁。再反向减小 W，U_d的频率逐渐改变，直至波形稳定。记下环路刚刚由失锁状态进入锁定状态时的频率 f_2；继续减小 W，使 U_d减小到锁定状态下的最小值 U_d，记下此时的频率 f_3；再继续减小 W，使环路再次失锁，然后反方向增大 W，记环路刚刚由失锁状态进入锁定状态时的频率 f_4。同步带则为 f_1-f_3；捕捉带为 f_2-f_4。计算的过程中记录频率的同时可以记下各状态对应的波形。

六、实验报告要求

（1）记录、描绘实验过程中观测到的输入、输出、锁定状态及失锁状态的全部波形、频率。

（2）总结锁相环锁定状态及失锁状态的特点。

（3）设 $K_0=18$ Hz/V，根据实验结果计算环路同步带 Δf_H及捕捉带 Δf_P。

（4）设 VCO 固有振荡频率 f_0不变，环路输入信号频率可以改变，试拟定测量环路同步带及捕捉带的步骤。

实验十三　频率合成电路

一、实验目的

(1)掌握频率合成的基本原理和方法;

(2)熟悉频率合成电路的组成及其电路中各组件的作用。

二、预习要求

复习频率合成的基本方法和频率合成器电路的主要技术指标。

三、实验电路

本实验电路如图 2-13-1 所示。电路由一片 CD4046 和两片 BCD 加法器 CD4518BE 和外围原件组成。

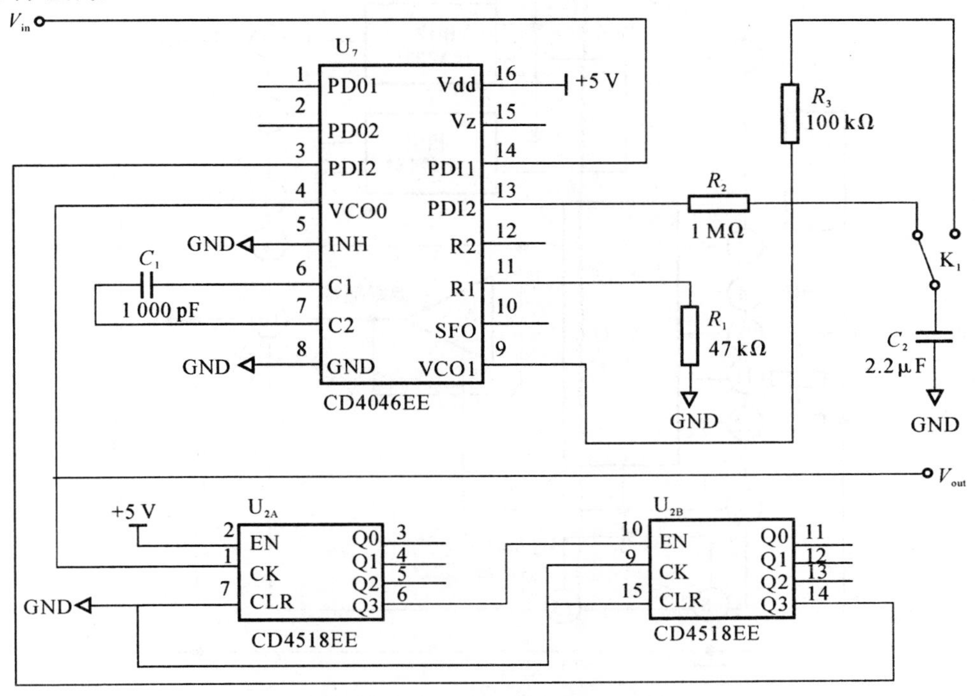

图 2-13-1　频率合成电路原理图

CD4046 是通用的 CMOS 锁相环集成电路，其特点是电源电压范围宽（为 3 ~ 18V），输入阻抗高（约 100 MΩ），动态功耗小，在中心频率 f_0 为 10 kHz 下功耗仅为 600 μW，属微功耗器件。CD4046 的引脚采用 16 脚双列直插式，各引脚功能如下：

1 脚为相位输出端，环路入锁时为高电平，环路失锁时为低电平；2 脚为相位比较器的输出端；3 脚为比较信号输入端；4 脚为压控振荡器输出端；5 脚为禁止端，高电平时禁止，低电平时允许压控振荡器工作；6，7 脚为外接振荡电容；8，16 脚为电源的负端和正端；9 脚为压控振荡器的控制端；10 脚为解调输出端，用于 FM 解调；11，12 脚为外接振荡电阻；13 脚为相位比较器的输出端；14 脚为信号输入端；15 脚为内部独立的齐纳稳压管负极。

图 2 - 13 - 2 是 CD4046 内部电原理框图，主要由相位比较、压控振荡器（VCO）、线性放大器、源跟随器、整形电路等部分构成。比较器采用异或门结构，当两个输入端信号 U_i，U_o 的电平状态相异时（即一个高电平，一个为低电平），输出端信号 U_Ψ 为高电平；反之，U_i，U_o 电平状态相同时（即两个均为高，或均为低电平），U_Ψ 输出为低电平。当 U_i，U_o 的相位差 $\Delta\varphi$ 在 0° ~ 180°范围内变化时，U_Ψ 的脉冲宽度 m 亦随之改变，即占空比亦在改变。从比较器的输入和输出信号的波形（见图 2 - 13 - 3）可知，其输出信号的频率等于输入信号频率的两倍，并且与两个输入信号之间的中心频率保持 90°相移。从图中还可知，f_{out} 不一定是对称波形。对相位比较器，它要求 U_i，U_o 的占空比均为 50%（即方波），这样才能使锁定范围为最大。

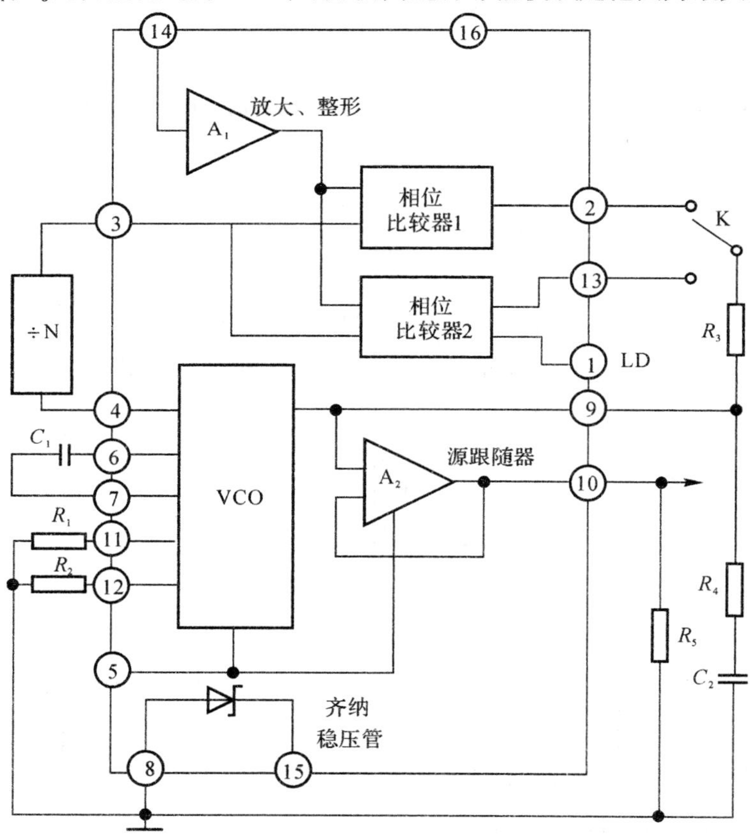

图 2 - 13 - 2　CD4046 内部电原理框图

相位比较器是一个由信号的上升沿控制的数字存储网络。它对输入信号占空比的要求不高，允许输入非对称波形，它具有很宽的捕捉频率范围，而且不会锁定在输入信号的谐波。它提供数字误差信号和锁定信号（相位脉冲）两种输出，当达到锁定时，在相位比较器Ⅱ的两个输入信号之间保持0°相移。

对相位比较器而言，当14脚的输入信号比3脚的比较信号频率低时，输出为逻辑“0”；反之则输出逻辑“1”。如果两信号的频率相同而相位不同，当输入信号的相位滞后于比较信号时，相位比较器输出的为正脉冲，当相位超前时则输出为负脉冲。在这两种情况下，从1脚都有与上述正、负脉冲宽度相同的负脉冲产生。从相位比较器输出的正、负脉冲的宽度均等于两个输入脉冲上升沿之间的相位差。而当两个输入脉冲的频率和相位均相同时，相位比较器的输出为高阻态，则1脚输出高电平。上述波形如图2－13－3所示。由此可见，从1脚输出信号是负脉冲还是固定高电平就可以判断两个输入信号的情况了。

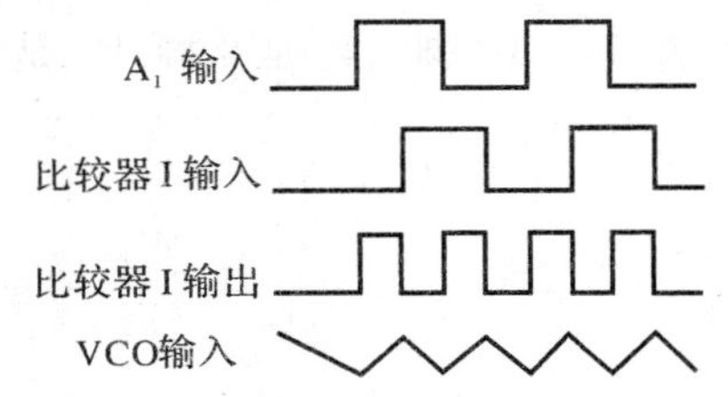

图2－13－3　比较器的输入和输出信号波形

CD4046锁相环采用的是RC型压控振荡器，必须外接电容 C_1 和电阻 R_1 作为充放电组件。当PLL对跟踪的输入信号的频率宽度有要求时还需要外接电阻 R_2。由于VCO是一个电流控制振荡器，对定时电容 C_1 的充电电流与从9脚输入的控制电压成正比，使VCO的振荡频率亦正比于该控制电压。当VCO控制电压为0时，其输出频率最低；当输入控制电压等于电源电压 V_{DD} 时，输出频率则线性地增大到最高输出频率。VCO振荡频率的范围由 R_1，R_2 和 C_1 决定。由于它的充电和放电都由同一个电容 C_1 完成，故它的输出波形是对称方波。一般规定CD4046的最高频率为1.2 MHz（$V_{DD}=15$ V），若 $V_{DD}<15$ V，则 f_{max} 要降低一些。

CD4046内部还有线性放大器和整形电路，可将14脚输入的100 mV左右的微弱输入信号变成方波或脉冲信号送至两相位比较器。源跟踪器是增益为1的放大器，VCO的输出电压经源跟踪器至10脚作FM解调用。齐纳二极管可单独使用，其稳压值为5 V，若与TTL电路匹配时，可用作辅助电源。

综上所述，CD4046工作原理如下：输入信号 U_i 从14脚输入后，经放大器 A_1 进行放大、整形后加到相位比较器的输入端，图2－13－2开关K拨至2脚，则比较器将从3脚输入的比较信号 U_o 与输入信号 U_i 作相位比较，从相位比较器输出的误差电压 U_Ψ 则反映出两者的相位差。U_Ψ 经 R_3，R_4 及 C_2 滤波后得到一控制电压 U_d 加至压控振荡器VCO的输入端9脚，调整VCO的振荡频率 f_2，使 f_2 迅速逼近信号频率 f_1。VCO的输出又经除法器再进入相位比较器，继续与 U_i 进行相位比较，最后使得 $f_2=f_1$，两者的相位差为一定值，实现了相位锁定。若开关K拨至13脚，则相位比较器工作，过程与上述相同，不再赘述。

图2－13－4所示为用CD4046与BCD加法计数器CD4518构成的100倍频电路。刚开机时，f_2 可能不等于 f_1，假定 $f_2<f_1$，此时相位比较器输出 U_Ψ 为高电平，经滤波后 U_d 逐渐升高使VCO输出频率 f_2 迅速上升，f_2 增大至 $f_2=f_1$，如果此时 U_i 滞后 U_0，则相位比较器输出 U_Ψ 为低电平。U_Ψ 经滤波后得到的 U_d 信号开始下降，这就迫使VCO对 f_2 进行微调，最后达到 $f_2/N=f_1$，并且 f_2 与 f_1 的相位差 $\Delta\varphi=0°$，进入锁定状态。如果此后 f_1 又发生变化，锁相环能再次捕获 f_1，使 f_2 与 f_1 相位锁定。

CD4518是一个同步加法计数器,在一个封装中含有两个可以互换的二/十进制计数器。其功能引脚分别为1~7和9~15,8脚为V_{ss}接地,16脚V_{DD}接正电源,管脚排列功能如图2-13-4所示。

该CD4518计数器是单路系列脉冲输入(1脚或2脚;9脚或10脚),4路BCD码信号输出(3~6脚;11~14脚),V_{ss}是8脚,V_{DD}是16脚,其具体功能如图2-13-5所示。

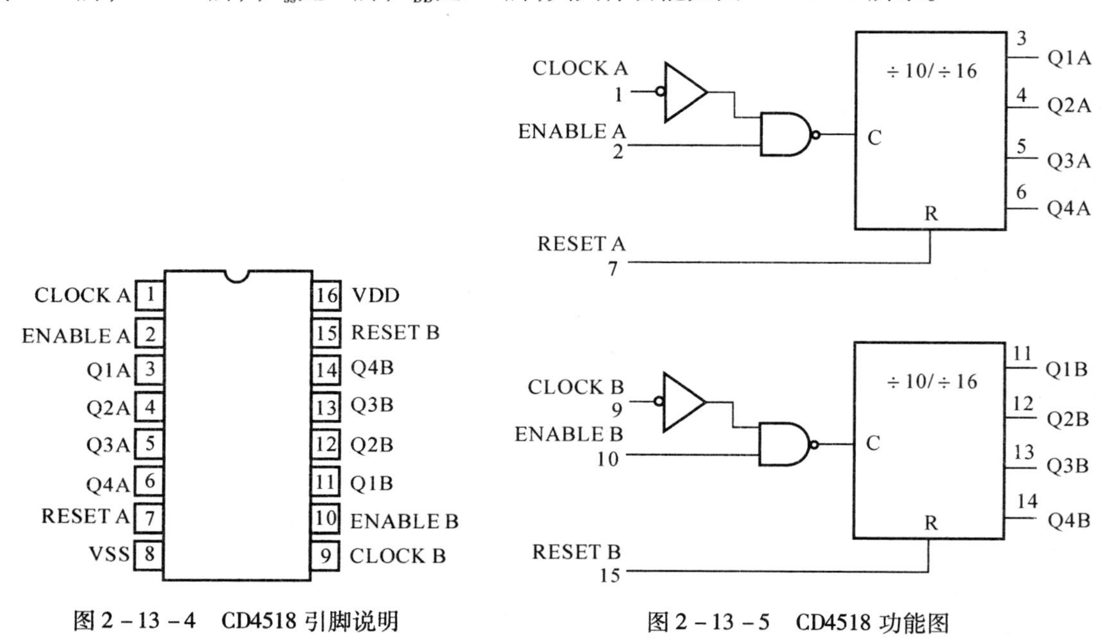

图2-13-4　CD4518引脚说明　　　图2-13-5　CD4518功能图

CD4518控制功能:CD4518有两个时钟输入端分别为CP和EN,若用时钟上升沿触发,信号由CP输入,此时EN端为高电平"1";若用时钟下降沿触发,信号由EN输入,此时CP端为低电平"0",同时复位端Cr也保持低电平"0"。只有满足了这些条件,电路才会处于计数状态,否则无法正常工作,CD4518真值表见表2-13-1。

表2-13-1　CD4518真值表

Clock	Enable	Reset	Action
上升沿	1	0	加计数
0	下降沿	0	加计数
下降沿	X	0	不变
X	上升沿	0	不变
上升沿	0	0	不变
1	下降沿	0	不变
X	X	1	$Q_0 \sim Q_4 = 0$

注:"X"代表任意值;"1"代表高状态;"0"代表低状态。

将数片CD4518串行级联时,尽量每片CD4518属并行计数,但就整体而言变成串行计数门,需要指出的是CD4518未设置进位端,但可利用Q_4做输出端。正确接法应是将低位的Q_4

端接高位的 EN 端,高位计数器的 CP 端接 U_{SS}。

四、实验仪器

DS1054Z 四通道数字示波器、DG1022U 函数波形发生器、数字频率计、实验箱及集成锁相环、频率合成模块。

五、实验步骤

(1)将开关 K_1 向下拨(即 R_3 未接进电路);

(2)从函数波发生器输出一频率在 10 ~ 200 Hz 之间的方波信号至本电路的 U_{in} 处,适当调节其幅度,用示波器在 U_{out} 处观察,可见到一逐渐稳定在 $100f_{in}$ 的方波信号,同时用示波器在 U_{in} 处观察并比较两处的波形;

(3)将开关 K_1 向上拨,将 R_3 接进电路;

(4)从 U_{in} 处接入一频率在 10 ~ 200 Hz 之间的方波信号(可从函数波发生器引入),用示波器在 U_{out} 处观察,同时用示波器在 U_{in} 处观察并比较两处的波形,可见 U_{out} 处的波形不稳定,思考并分析产生这种现象的原因。

六、实验方法提示

频率合成电路的实验方法很有讲究,对使用的信号源有要求,对输入信号的波形、幅值、频率也有要求。

1. 对信号源的要求

要求信号源产生的方波是零电平以上的正方波,频率合成信号源不能用。本实验只能用实验箱上的信号源和 EE1642B1 型函数信号发生器,而 KH1656C 信号源不能使用(为数字频率合成)。

2. 对输入信号 f_i 的波形、幅值、频率有要求

要求输入信号 f_i 为方波,U_{ipp} 为 0.6 ~ 1.2 V 的正方波,此时 $f_o = 100f_i$。若加入其他波(正弦波、三角波等)在 $U_{ipp} \leq 4$ V 时,$f_o = 200f_i$。实验结果与波形质量、幅值大小、频率有关。

实验十四　综合实验
——正弦信号的调频发射、接收

一、实验目的

(1)通过实验掌握调频发射机组成原理和调试方法;

(2)通过实验掌握调频接收机组成原理和调试方法;

(3)掌握标准信号(正弦波信号)的调频发射与接收,为实现实际应用中的语音信号的发射与接收做准备;

(4)学习如何将各个单元模块组合起来完成实际工程需要的整机电路设计。

二、预习要求

(1)复习变容二极管调频原理和前单元实验的调试方法;

(2)复习丙类功率放大器电路原理和前单元实验的调试方法;

(3)复习双调谐选频网络电路原理和前单元实验的调试方法;

(4)复习相位鉴频器原理和前单元实验的调试方法。

三、实验电路

1. 小功率调频发射机和接收机概述

与调幅系统相比,调频系统由于高频振荡器的输出振幅不变,因而具有较强的抗干扰能力和较高的效率,在无线通信和广播电视等各个领域得到了广泛的应用。

图 2-14-1 为调频发射与接收系统框图。其中图(a)为直接调频发射机系统框图,图(b)是调频接收机的系统框图。调频发射机发射信号,调频接收机将发射机发来的信号经过还原,转换成所需要的原始信号,即完成了发射与接收的全过程。

调频接收机的主要技术指标有以下几项,分别如下:

(1)工作频率范围:接收机可以接收到的无线电波的的频率范围称为接收机的频率范围或者波段覆盖。接收机的接收频率必须与发射机的发射频率相对应,如调频广播收音机的频率范围为 88~108 MHz,是因为调频广播发射机的发射范围也是 88~108 MHz。

(2)灵敏度:接收机接收微弱信号的能力称为灵敏度。通常利用输入信号电压大小来表示,接收的输入信号越小,灵敏度越高。调频广播收音机的灵敏度一般在 5~30 μV。

(3)选择性:接收机从各种信号和干扰中选出所需信号的能力称为接收机的选择性,单位用分贝(dB)表示。分贝越高,选择性越好。

(4)频率特性:接收机的频率响应范围称为频率特性或者通频带。语音信号的频率范围为 2 ~ 20 kHz。

(5)输出功率：接收机的负载输出的最大不失真功率称为接收机的输出功率。

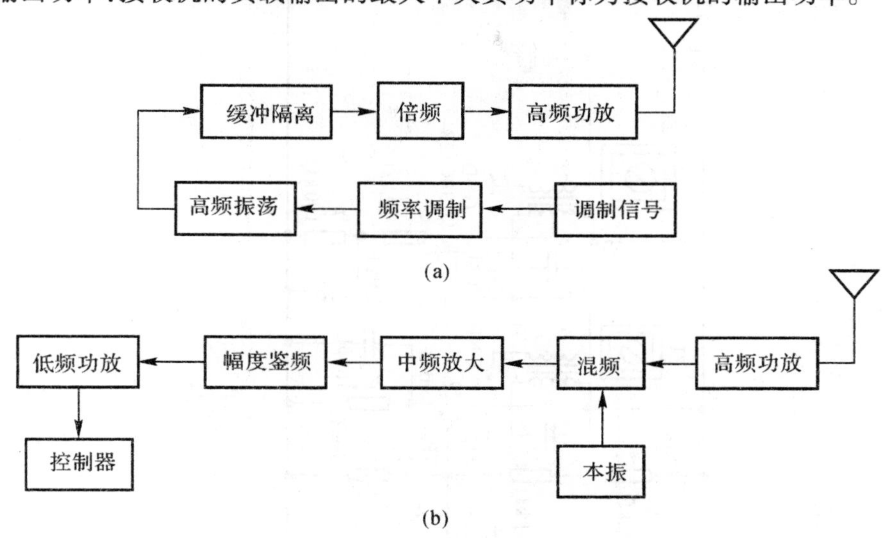

图 2 - 14 - 1　调频调发射机和调频接收机组成框图
(a)调频发射机组成框图；(b)调频接收机组成框图

2. 实验电路介绍

本实验的小功率调频发射电路由变容二极管频率调制电路和高频功率放大电路组合而成，发射实验电路图如图 2 - 14 - 2 所示。Q_1 和外围器件组成的变容二极管频率调制电路，既产生高频振荡信号又完成频率调制，信号从 U_{in} 端输入，经此电路调频产生调频波。Q_2 和 Q_3 及外围器件组成两级功率放大电路，作用是对已经调制好的信号进行功率放大，并经过天线发射出去。

本实验的接收机电路原理图如图 2 - 14 - 3 所示。该电路由选频网络选频放大器和相位鉴频器两大部分组成。Q_1 及集电极选频网络组成选频放大器；Q_2 和 MC1496 组成相位鉴频器。鉴频器的输出经低频功放放大。其工作原理是：天线接收到的高频信号，经选频网络选择出所需要的高频信号、抑制其他不需要的干扰信号，起到选频放大的作用，然后将高频信号送入到相位鉴频器的输入端，最后在输出端输出还原的调制信号，用示波器可以观察到还原的信号。如果是音频信号，将还原的信号送入音频设备中即能得到还原的声音。

四、实验仪器

DS1054Z 四通道数字示波器、DG1022U 双通道函数波形发生器、数字万用表、实验箱、小功率调频发射模块、小功率调频接收模块。

五、实验内容及步骤

(一)实验操作前须知

(1)发射机上的两个中周和接收机上的除 CT4 以外的所有中周和可调电容蜡封，不允许用户调节。

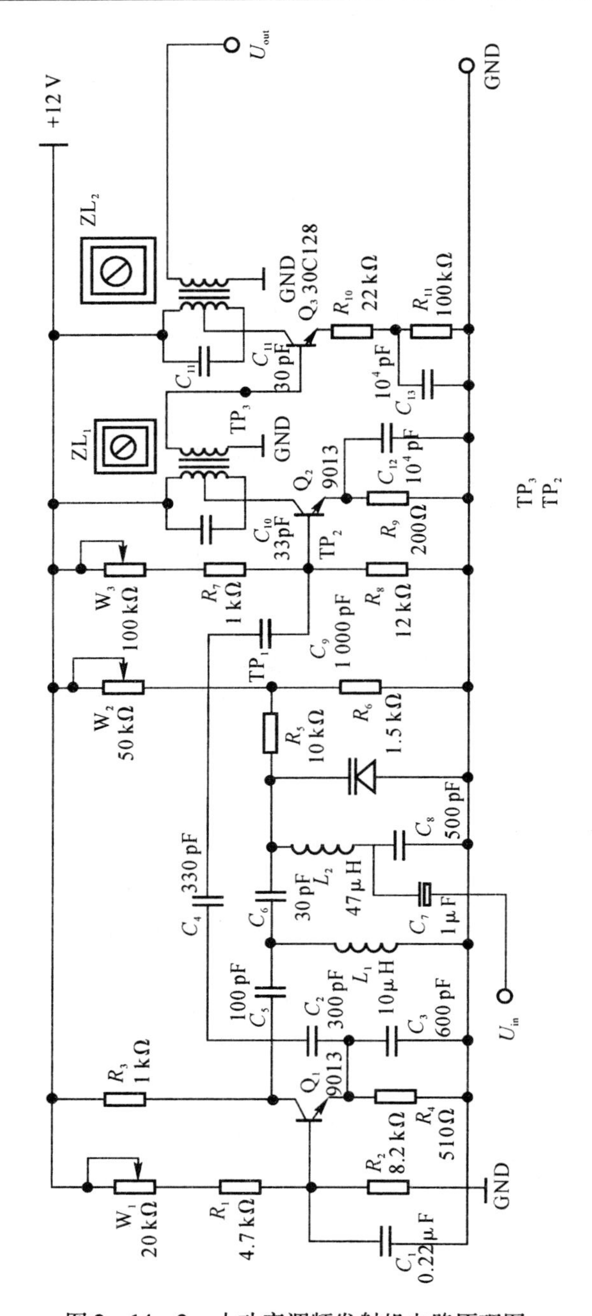

图 2－14－2　小功率调频发射机电路原理图

(2)采用发射与接收联调的方法进行调试。发射机与接收机天线拉出直立,两天线相对位置保持平行,距离不大于 20 cm;两个模块位置固定后,在以后的调节中,尽量保持其相对位置不变。

(3)在调试进行时,调试采用无感式工具;两个天线间不能有任何障碍物,尤其是调试中人的双手尽量不要在二者之间。

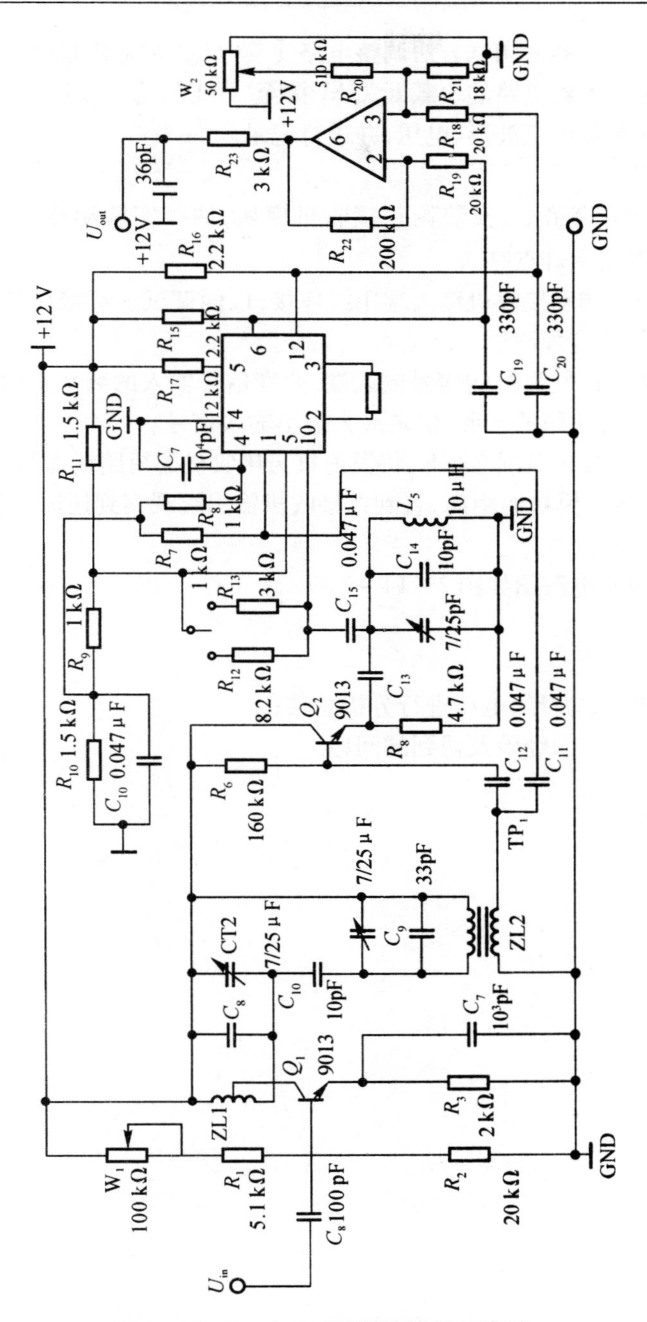

图 2－14－3　小功率调频接收机电路图

（二）调试方法步骤

1. 调频发射机的调节

（1）打开电源，P1 拨到“ON”位置，模块电源指示灯点亮。

（2）从低频信号源输入频率为 2 kHz、幅值约为 700 mV 的正弦波信号到模块的“U_{in}”端作为调制信号，通过采用逐级调节的方法，调整频率调制电路和功率放大电路，使其在“U_{out}”端输出理想的波形。

(3)按高频功率放大器的调试方法调整电路使其“U_{out}”端输出最大且不失真。

(4)将高频功率放大器电路的负载开关 K_1 拨至“OFF”,将天线拉出,使其处于发射状态。

(5)用示波器观测输出点波形、电压,并进行记录。

2. 接收机的调节

(1)在另外一个实验箱上,安装调频接收机模块,两个实验箱接近。打开电源,P_1 拨到“ON”位置,模块电源指示灯点亮。

(2)将发射机输出端和接收机输入端用线连接,以便调试。逐级调节接收机,直到在输出端观察到不失真的正弦信号波形。

(3)通频带测试。在发射机的信号输入端,改变信号输入的频率在(1 ~ 100)kHz 变化,观察接收机输出端是否有还原的波形,记录最大最小输入信号。

(4)将发射机的信号再调回 2 kHz,将发射机与接收机的短路线撤销,两个模块天线抽出,处于直立状态,调节两个模块的距离,直到在接收机输出端观察到还原的信号最强且不失真为止(最大距离不过 1 m)。

小功率调频接收机电路图如图 2 - 14 - 3 所示。

六、实验报告要求

(1)对各个测试点的波形、电压进行分析总结;

(2)总结调试过程中的经验及遇到的问题。

实验十五　系统实验
——语音信号的发射、接收

一、实验目的

（1）了解调频发射接收在实际系统中的应用；
（2）了解语音发射与接收的全过程。

二、预习要求

（1）复习小功率调频发射与接收机组成及工作原理，并掌握其调试方法；
（2）复习音频功放电路原理。

三、实验电路

在实际应用中，所需要调制的信号往往并不是如实验十四所描述那样调制标准的正弦信号，往往传递更多的是语音信号或者音乐信号，比如无线广播等等。实现语音的调频发射与接收的系统框图如图 2－15－1 所示。人的声音通过语音输入设备（麦克风）转化为声音电信号送入到发射机中对其进行调制，然后经过天线发射到空中。

接收机的天线接收到空中的调频信号后，经过接收机对调频信号进行解调，还原为声音电信号。在接收机的输出端连接音频功率放大器，就转换为人耳能听见的声音信号了（人耳所能听到的声音频率范围为 20～20 000 Hz）。

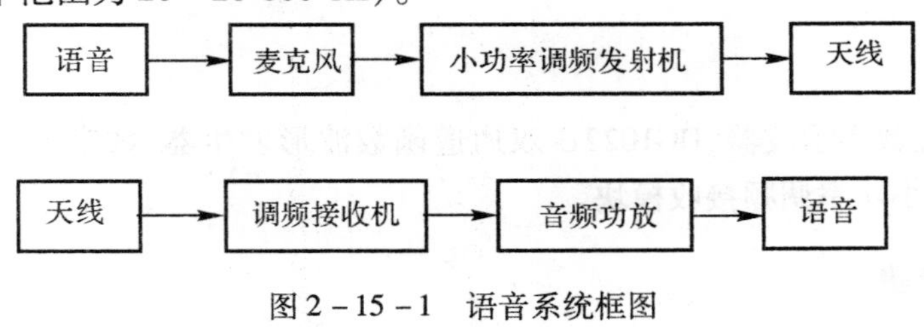

图 2－15－1　语音系统框图

承接实验十四，将原调制信号为正弦波改变为实际应用中的语音信号。将接收机输出的音频信号接到实验箱板上的“扬声器”输入端，还原为可听见的声音。音频功放电路原理图如图 2－15－2 所示。

可以使用计算机或者手机音频输出口输出音乐作为发射机的输入信号，这种接法只需要音频线将发射机的输入端接入计算机或手机即可。

如果在使用麦克风输入时候，将麦克风接入到实验箱的麦克风输入口，将麦克风输出口用音频线连接到发射机的输入端。实验箱上麦克风缓冲电路为放大电路，如图 2－15－3 所示，电位器 W 调节放大倍数。

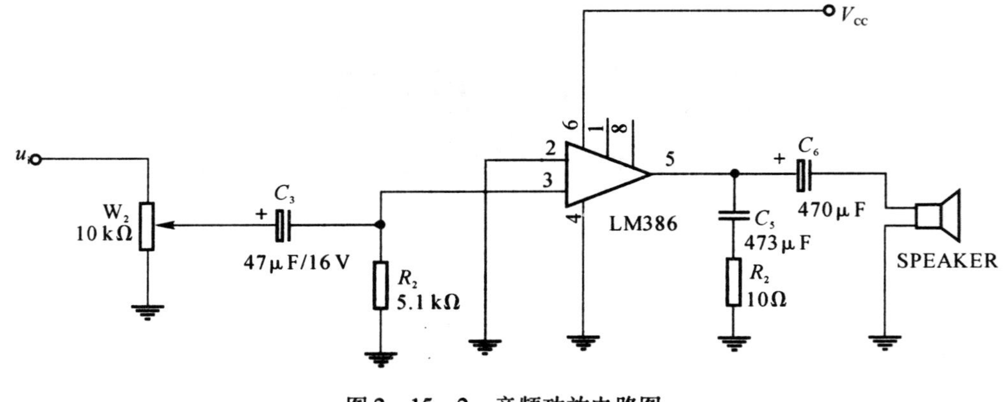

图 2-15-2　音频功放电路图

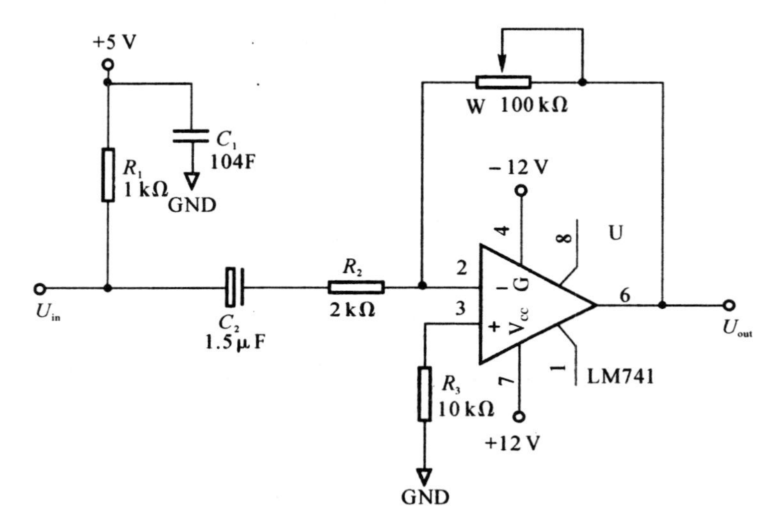

图 2-15-3　信号输入放大电路

四、实验仪器

DS1054Z 四踪数字示波器、DG1022U 双通道函数波形发生器、数字万用表、实验箱、小功率调频发射模块、小功率调频接收模块。

五、实验内容及步骤

1. 实验操作前须知

(1)发射机上的两个中周和接收机上的除 CT4 以外的所有中周和可调电容蜡封，不允许用户调节。

(2)采用发射与接收联调的方法进行调试。发射机与接收机天线拉出直立，两天线相对位置保持平行，距离不大于 20 cm；两个模块位置固定后，在以后的调节中，尽量保持其相对位置不变。

(3)在调试进行时，调试采用无感式工具；两个天线间不能有任何障碍物，尤其是调试中人的双手尽量不要在二者之间。

2. 调试方法步骤

（1）按照实验十四完成正弦信号的调频发射与接收实验。

（2）将发射机输入的正弦信号改为语音信号（或者音乐信号，可以通过计算机或者实验箱麦克风处获得）。

（3）接收机输出端接实验箱扬声器输入口。

（4）调节扬声器音量大小，使输出声音适中。

六、实验报告要求

（1）记录调试过程中电路各点的电压、波形和现象；

（2）总结调试过程中的经验及遇到的问题。

第三部分　实验相关仪器仪表的使用介绍

仪器一　VC97 数字万用表

一、概述

VC97 是一种性能稳定、高可靠性的数字万用表，仪表采用 23 mm 字高 LCD 显示器，读数清晰。可用来测量直流电压、交流电压、直流电流、交流电流、电阻、电容、频率、温度、占空比、三极管、二极管及通断测试；同时还设计有单位符号显示、数据保持、相对值测量、自动/手动量程切换、自动断电及报警功能。整机采用一个能直接驱动 LCD 的 4 位微处理器和双积分 A/D 转换集成电路，一个高分辨率高精度的数字显示驱动，该表功能齐全，精度高，使用方便。

二、操作面板说明

VC97 数字万用表的操作面板图如图 3－1－1 所示，各个部分的功能如下：

(1)液晶显示器，显示仪表测量的数字及单位。

(2)①～⑤的功能键：

①～/⎓键：AC 和 DC 工作方式选择键；

②Hz/DVTY 键：测量交流电压(电流)频率时，按此功能键，可切换频率/占空比/电压(电流)，测量频率时，切换频率/占空比；

③HOLD 键：按此功能键，仪表当前所测的数值保持在液晶显示器上，显示器上出现“HOLD”字样，再按一次，退出保持状态；

④REL 键：按下此功能键，读数清零，进入相对值测量，显示器上出现“REL”字样，再按一次，退出保持状态；

⑤RANGE 键：选择自动量程和手动量程方式；

仪表开机后即为自动(AUTO)量程状态，按下此键转为手动量程方式，此后每按下一次，量程增加一挡，并由低到高依次循环。长按此键时间超过两秒则退出手动量程状态。

(3)旋钮开关，用于改变测量功能及量程。

(4)hFE 测试插座，测量晶体三极管放大倍数。

(5)温度插座。

(6)电压电容电阻频率插座。

(7)公共地。

(8)小于 400 mA 电流测试插座。

(9)10A 电流测试插座。

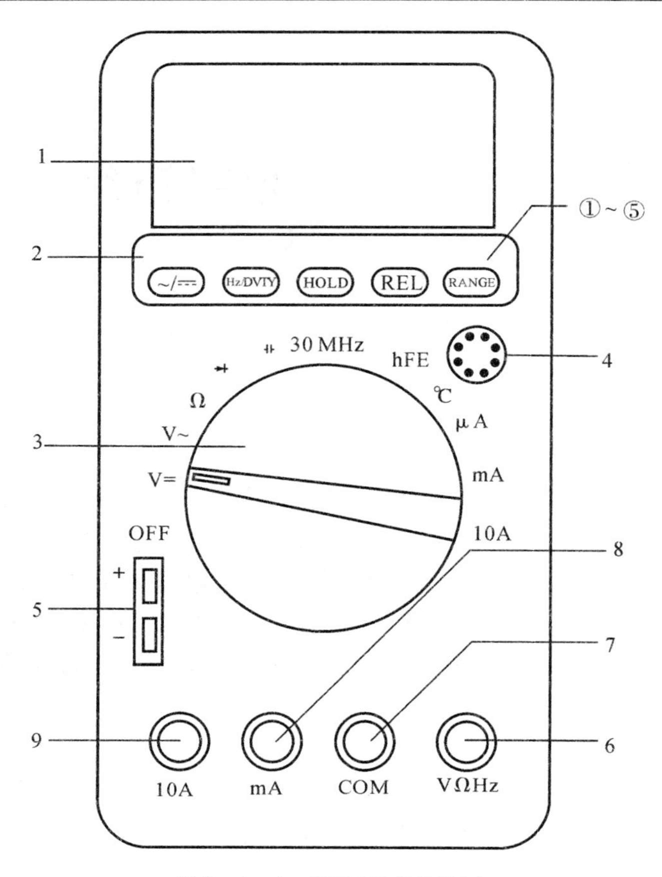

图 3-1-1　VC97 数字万用表

三、测量方法简介

1. 直流电压的测量

(1)将黑表笔插入"COM"插孔,红表笔插入"V ΩHz"插孔。

(2)将功能开关转至"V ⎓"挡。

(3)按 RANGE 键转为手动量程方式。

(4)将测试表笔接触测试点,红表笔所接的该点电压与极性将同时显示在屏幕上。

2. 交流电压的测量

(1)将黑表笔插入"COM"插孔,红表笔插入"V ΩHz"插孔。

(2)将功能开关转至"V ~ "挡。

(3)按 RANGE 键转为手动量程方式。

(4)将测试表笔接触测试点,表笔所接的两点电压显示在屏幕上。

3. 直流电流的测量

(1)将黑表笔插入"COM"插孔,红表笔插入"mA"或"10 A"插孔。

(2)将功能开关转至电流挡,按动 ~/⎓键,选择 DC 工作方式;然后将仪表的表笔插入被测电路,被测电流值及红色表笔点的电流值将同时显示在屏幕上。

4. 交流电流的测量

(1)将黑表笔插入“COM”插孔,红表笔插入“mA”或“10A”插孔。

(2)将功能开关转至电流挡,按动 ~/⎓键,选择 AC 工作方式;然后将仪表的表笔插入被测电路,被测电流值显示在屏幕上。

5. 电阻测量

(1)将黑表笔插入“COM”插孔,红表笔插入“V ΩHz” 插孔。

(2)将功能开关转至欧姆挡,将两表笔跨接在被测电阻上。

(3)按动 RANGE 键选择自动量程或手动量程方式。

(4)若测量小的电阻,应先将表笔短路,按 REL 键一次,然后再测电阻。

6. 电容的测量

(1)将功能开关转至电容挡。

(2)按 REL 键一次清零。

(3)将被测的电容对应的极性用测试表笔(注红表笔的极性为“ + ”)将被测电容接入“COM”,“V ΩHz”输入端,屏幕将显示电容容量。

(4)测量大于 40 μF 电容时需要 15 s 才能稳定。

7. 频率的测量

(1)将表笔或屏蔽电缆接入“COM”“V ΩHz”输入端。

(2)将功能开关转至频率挡,将表笔或电缆跨接在信号源或被测负载上。

(3)按 Hz/DUTY 键切换频率/占空比,显示被测信号的频率或占空比读数。

8. 三极管 hFE 测量

(1)将功能开关转至 hFE 挡。

(2)决定所测晶体管为 NPN 型或 PNP 型,将发射极、基极、集电极分别插入相应的插孔,显示器显示此三极管近似的放大倍数。

9. 二极管的测试

(1)将黑表笔插入“COM”插孔,红表笔插入“V ΩHz” 插孔(注红表笔的极性为“ + ”)。

(2)将功能开关转至二极管挡。

(3)正向测量:将红表笔接到被测二极管的正极,黑表笔接到二极管负极,显示器显示二极管正向压降的近似值。

(4)反向测量:将红表笔接到被测二极管的负极,黑表笔接到二极管正极,显示器显示“OL”。

(5)完整的二极管测试包括正反测量,如果测试结果与上述不符,说明二极管是坏的。

10. 温度测量

(1)将功能开关转至℃挡。

(2)将热电偶传感器的冷端插入“KTEMP”插孔,热电偶传感器的工作端置入被测量场中,显示器即显示出温度值。

11. 通断测试

(1)将黑表笔插入“COM”插孔,红表笔插入“V ΩHz” 插孔。

(2)将功能开关转至通断测试挡。

(3)将表笔连接到待测线路的两端,如果电阻值低于约 50 Ω,则内置蜂鸣器发声。

12. 数据保持

按一下保持开关,当前数据就会保持在显示器上,再按一下数据保持取消,重新计数。

13. 自动断电

(1)当仪表停止使用15 min后,仪表便自动断电,然后进入睡眠状态,断电前1 min内置蜂鸣器会发出5声提示;若要重新启动电源,按任意键,就可重新接通电源。

(2)先按住"~/⎓"再开机,可取消自动断电功能。

四、仪表保养及注意事项

该仪表是一台精密仪器,使用者不得随意更改电路,并且使用时需要注意以下几个方面:

(1)请注意防水,防尘,防摔。

(2)不宜在高温高湿、易燃易爆和强磁场的环境下存放、使用仪表。

(3)清洁仪表外表,不要使用研磨剂及溶剂,请使用湿布和温和的清洁剂。

(4)如果长时间不使用,应取出电池,防止电池漏液腐蚀仪表。

(5)注意电池使用情况,当LCD显示提示符号时,应更换电池。更换步骤是首先是拧出后盖上固定电池门的螺丝,推出电池门;然后取下1.5 V电池,换上两个新的电池,虽然任何标准1.5 V电池都可以使用,但为加长使用时间,最好使用碱性电池,最后装上电池门,上紧螺丝。

(6)保险丝更换:更换保险丝时,请使用规格、型号相同的保险丝。

(7)不要将高于1 000 V直流或交流峰值电压接入。

(8)不要在电流挡、电阻挡、二极管挡和蜂鸣器挡上测量电压值。

(9)在电池没有装好或后盖没有上紧时,请不要使用此表。

(10)在更换电池或保险丝前,请将测试表笔从测试点移开并关机。

(11)使用前应视测量对象首先将功能开关正确置位,并选好量程。然后将测试表笔正确置位,做好使用准备后再将两表笔正确接入被测点中进行测试。

(12)使用中需要转换功能量程开关时,请将表笔从测试点上移开。

仪器二　DS1054Z 四通道数字示波器

一、概述

示波器是一种综合性的电信号测量仪，它不但能测量电信号的幅度，也能测量电信号频率、周期和相位差、调幅度、脉冲宽度、上升及下降时间，而且还能估测信号的非线性失真等等。通过各种传感器，示波器还可以广泛应用于观测温度、压力、振动、密度、光、声、热等非电量的物理现象，因而在医学、通信、机械农业、物理、宇宙等科学领域中得到普遍应用。DS1054Z 是基于 UltraVision 技术的多功能、高性能数字示波器，具有极高的存储深度、超宽的动态范围、良好的显示效果、优异的波形捕获率和全面的触发功能。其中，针对嵌入式设计和测试领域而推出的混合信号数字示波器允许用户同时测量模拟和数字信号。DS1054Z 是 50 MHz 带宽级别数字示波器中功能最齐全、指标最为优秀的代表。

二、面板描述

1. 前面板总览

DS1054Z 四通道数字示波器前面板布局如图 3 - 2 - 1 所示，示波器前面板各区域按键名称见表 3 - 2 - 1。各个的按键、旋钮和插孔的功能如下：

1—测量菜单操作键。

2—LCD 显示屏。

3—功能菜单操作键。

4—多功能旋钮，在菜单操作时，该旋钮背光灯变亮，按下某个菜单软键后，转动该旋钮可选择该菜单下的子菜单，然后按下旋钮可选中当前选择的子菜单。该旋钮还可以用于修改参数、输入文件名等；非菜单操作时，转动该旋钮可调整波形显示的亮度。亮度可调节范围为 0 至 100%。顺时针转动增大波形亮度，逆时针转动减小波形亮度。按下旋钮将波形亮度恢复至 60%。也可按 Display 波形亮度，使用该旋钮调节波形亮度。

5—常用的 6 个操作键组（功能菜单）。

Measure：按下该键进入测量设置菜单。可设置测量信源、打开或关闭频率计、全部测量、统计功能等。按下屏幕左侧的 MENU，可打开 32 种波形参数测量菜单，然后按下相应的菜单软键快速实现"一键"测量，测量结果将出现在屏幕底部。

Acquire：按下该键进入采样设置菜单。可设置示波器的获取方式、Sin(x)/x 和存储深度。

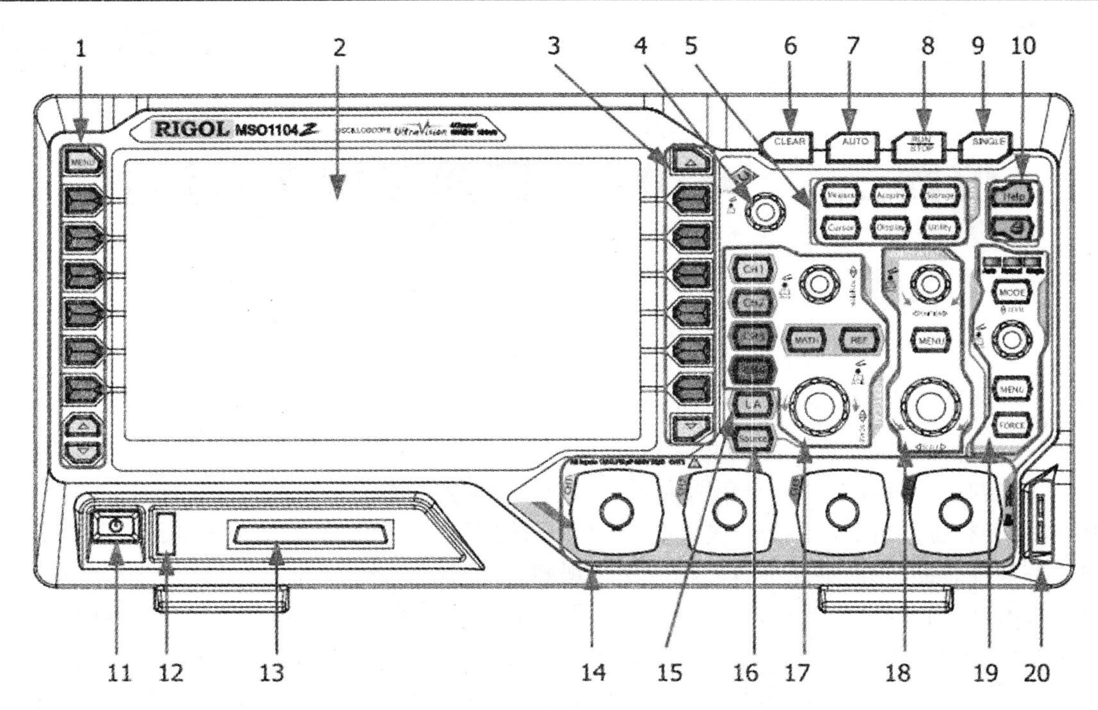

图 3-2-1　DS1054Z 四通道数字示波器前面板

表 3-2-1　前面板说明

编号	说明	编号	说明
1	测量菜单操作键	11	电源键
2	LCD	12	USB Host 接口
3	功能菜单操作键	13	数字通道输入
4	多功能旋钮	14	模拟通道输入
5	常用操作键	15	逻辑分析仪操作键
6	全部清除键	16	信号源操作键
7	波形自动显示	17	垂直控制
8	运行/停止控制键	18	水平控制
9	单次触发控制键	19	触发控制
10	内置帮助/打印键	20	探头补偿信号输出端/接地端

Storage：按下该键进入文件存储和调用界面。可存储的文件类型包括：图像存储、轨迹存储、波形存储、设置存储、CSV 存储和参数存储。支持内、外部存储和磁盘管理。

Cursor：按下该键进入光标测量菜单。示波器提供手动、追踪、自动和 XY 四种光标模式。其中，XY 模式仅在时基模式为“XY”时有效。

Display：按下该键进入显示设置菜单。设置波形显示类型、余辉时间、波形亮度、屏幕网格和网格亮度。

Utility：按下该键进入系统功能设置菜单。设置系统相关功能或参数，例如接口、声音、语言等。此外,还支持一些高级功能,例如通过/失败测试、波形录制等。

6—全部清除键[CLEAR],按下该键清除屏幕上所有的波形。如果示波器处于“RUN”状态,则继续显示新波形。

7—波形自动显示[AUTO],按下该键启用波形自动设置功能。示波器将根据输入信号自动调整垂直挡位、水平时基以及触发方式,使波形显示达到最佳状态。需要注意的是用此键时,若被测信号为正弦波,其频率应不小于 41 Hz;若被测信号为方波,则要求其占空比大于1%且幅度不小于 20 mVpp。如果不满足此参数条件,则波形自动设置功能可能无效,且菜单显示的快速参数测量功能不可用。

8—运行/停止控制键[RUN/STOP],按下该键“运行”或“停止”波形采样。运行(RUN)状态下,该键黄色背光灯点亮;停止(STOP)状态下,该键红色背光灯点亮。

9—单次触发控制键[SINGLE],按下该键将示波器的触发方式设置为“Single”。单次触发方式下,按 FORCE 键立即产生一个触发信号。

10—内置帮助/打印键。

11—电源键。

12—USB Host 接口。

13—数字通道输入。

14—模拟通道输入。

15—逻辑分析仪操作键。

16—信号源操作键。

注:13,15,16 这三个按键 DS1054Z 并没有,因此也没有相应功能。

17—垂直控制(布局见图 3-2-2)。

CH1,CH2,CH3,CH4:模拟通道设置键。4 个通道标签用不同颜色标识,并且屏幕中的波形和通道输入连接器的颜色也与之对应。按下任一按键打开相应通道菜单,再次按下关闭通道。

【MATH】: 按键 MATH 亮可打开 A+B,A-B,A×B,A/B,FFT,A&&B,A||B,A^B,! A,Intg,Diff,Sqrt,Lg,Ln,Exp,Abs 和 Filter 运算。按下 MATH 键您还可以打开解码菜单,设置解码选项。

【REF】:按下该键打开参考波形功能。可将实测波形和参考波形比较。

【POSITION ▲▼】:修改当前通道波形的垂直位移。顺时针转动增大位移,逆时针转动减小位移。修改过程中波形会上下移动,同时屏幕左下角弹出的位移信息(如 POS:216.0mV)实时变化。按下该旋钮可快速将垂直位移归零。

【SCALE ▲▼】:修改当前通道的垂直挡位。顺时针转动减小挡位,逆时针转动增大挡位。修改过程中波形显示幅度会增大或减小,同时屏幕下方的挡位信息(如 1=200mV)实时变化。按下该旋钮可快速切换垂直挡位调节方式为“粗调”或“微调”。

注意:DS1054Z 系列数字示波器的 4 个通道复用同一组垂直【POSITION】和垂直【SCALE】旋钮。如需设置某一通道的垂直挡位和垂直位移,请首先按 CH1,CH2,CH3 或 CH4 键选中该通道,然后旋转垂直【POSITION】和垂直【SCALE】旋钮进行设置。

18—水平控制(布局见图 3-2-3)

水平【POSITION】:修改水平位移。转动旋钮时触发点相对屏幕中心左右移动。修改过程中,所有通道的波形左右移动,同时屏幕右上角的水平位移信息(如)实时变化。按下该旋钮可快速复位水平位移(或延迟扫描位移)。

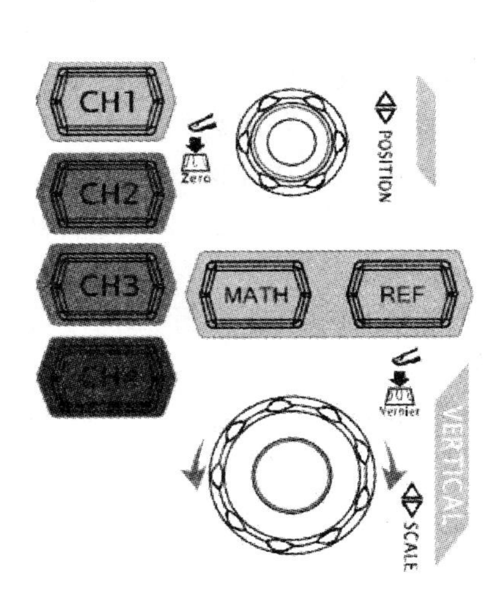

图3-2-2　垂直控制区

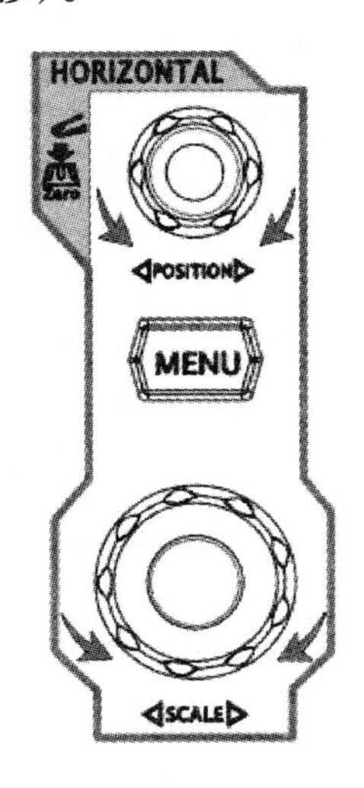

图3-2-3　水平控制区

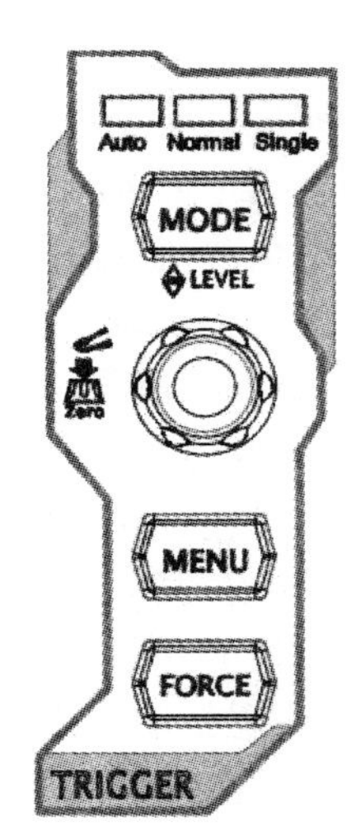

图3-2-4　触发控制区

【MENU】:按下该键打开水平控制菜单。可打开或关闭延迟扫描功能,切换不同的时基模式。

水平【SCALE】:修改水平时基。顺时针转动减小,逆时针转动增大。修改过程中,所有通道的波形被扩展或压缩显示,同时屏幕上方的时基信息(如 H 500 ms)实时变化。按下该旋钮可快速切换至延迟扫描状态。

19—触发控制(布局见图3-2-4)

【MODE】:按下该键切换触发方式为[Auto](自动触发,当没有触发信号输入时扫描在自由模式下)、[Normal](常态触发,当没有触发信号时,踪迹处在待命状态并不显示)或[Single](信号触发),当前触发方式对应的状态背光灯会变亮。

触发【LEVEL▲▼】:修改触发电平。顺时针转动增大电平,逆时针转动减小电平。修改过程中,触发电平线上下移动,同时屏幕左下角的触发电平消息框(如 trig Leve:428mV)中的值实时变化。按下该旋钮可快速将触发电平恢复至零点。

【MENU】:按下该键打开触发操作菜单。本示波器提供丰富的触发类型,请参考"触发示波器"中的详细介绍。

【FORCE】:按下该键将强制产生一个触发信号。

20—探头补偿信号输出端/接地端。

2. 后面板介绍(见图3-2-5)

DS1054Z 四通道数字示波器后面板布局如图3-2-5所示,示波器后面板各个的部件、旋钮和插孔的功能如下:

1—手柄。垂直拉起该手柄,可方便提携示波器。不需要时,向下轻按手柄即可。

2—LAN。通过该接口将示波器连接到网络中,对其进行远程控制。

3—USB Device。通过该接口可将示波器连接至计算机或 PictBridge 打印机。

4—触发输出与通过/失败。

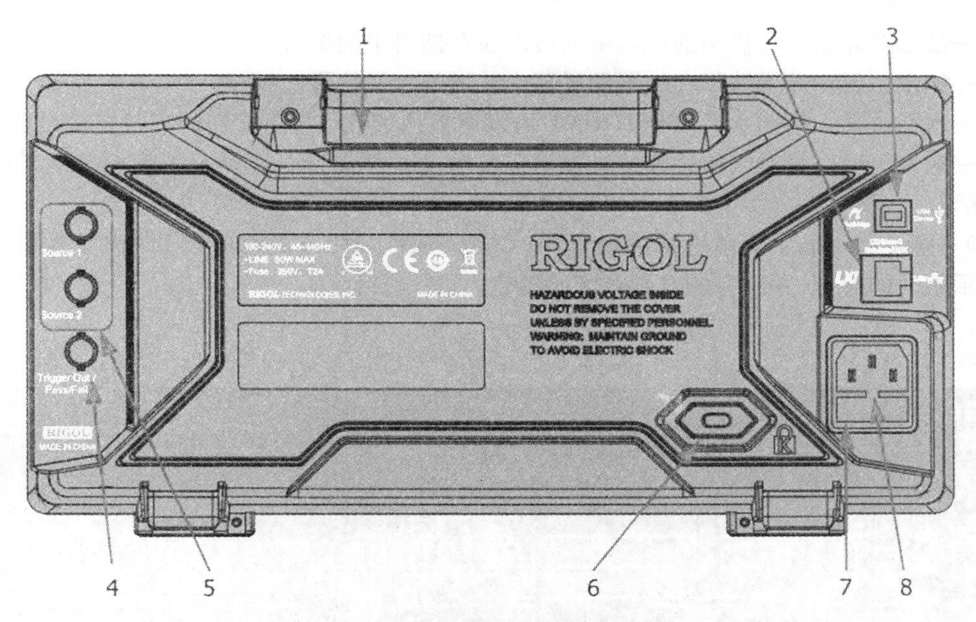

图 3－2－5　示波器后面板总览

触发输出：示波器产生一次触发时，可通过该接口输出一个反映示波器当前捕获率的信号，将该信号连接至波形显示设备，测量该信号的频率，测量结果与当前捕获率相同。

通过/失败：在通过/失败测试中，当示波器监测到一次失败时，将通过该连接器输出一个负脉冲，未监测到失败时，通过该连接器持续输出低电平。

5—信号源输出。注：示波器 DS1054Z 无此功能！

6—锁孔。

7—保险丝。

8—AC 电源插孔。

3. 显示界面介绍

DS1054Z 数字示波器的屏幕显示如图 3－2－6 所示，屏幕各部分的显示如下：

1—自动测量选项。提供 16 种水平（HORIZONTAL）测量参数和 17 种垂直（VERTICAL）测量参数。按下屏幕左侧的软键即可打开相应的测量项。连续按下【MENU】键，可切换水平和垂直测量参数。

2—数字通道标签/波形。数字波形的逻辑高电平显示为蓝色，逻辑低电平显示为绿色，边沿呈白色。当前选中的数字通道波形和通道标签一致，显示为红色。逻辑分析仪功能菜单中的分组设置功能可以将数字通道分为四个通道组，同一通道组的通道标签显示为同一种颜色，不同通道组用不同的颜色表示。

3—运行状态。可能的状态包括：RUN（运行）、STOP（停止）、T'D（已触发）、WAIT（等待）和 AUTO（自动）。

4—水平时基。表示屏幕水平轴上每格所代表的时间长度。使用水平【SCALE】可以修改该参数，可设置范围为 5 ns～50 s。

5—采样率/存储深度。显示当前示波器使用的采样率以及存储深度。采样率和存储深度会随着水平时基的变化而改变。

6—波形存储器。提供当前屏幕中的波形在存储器中的位置示意图。

7—触发位置。显示波形存储器和屏幕中波形的触发位置。

8—水平位移。使用水平【POSITION】可以调节该参数。按下旋钮时参数自动设置为0。

9—触发类型。显示当前选择的触发类型及触发条件设置。选择不同触发类型时显示不同的标识。

10—触发源。显示当前选择的触发源(CH1 - CH4,AC 或 D0 - D15)。选择不同触发源时,显示不同的标识,并改变触发参数区的颜色。

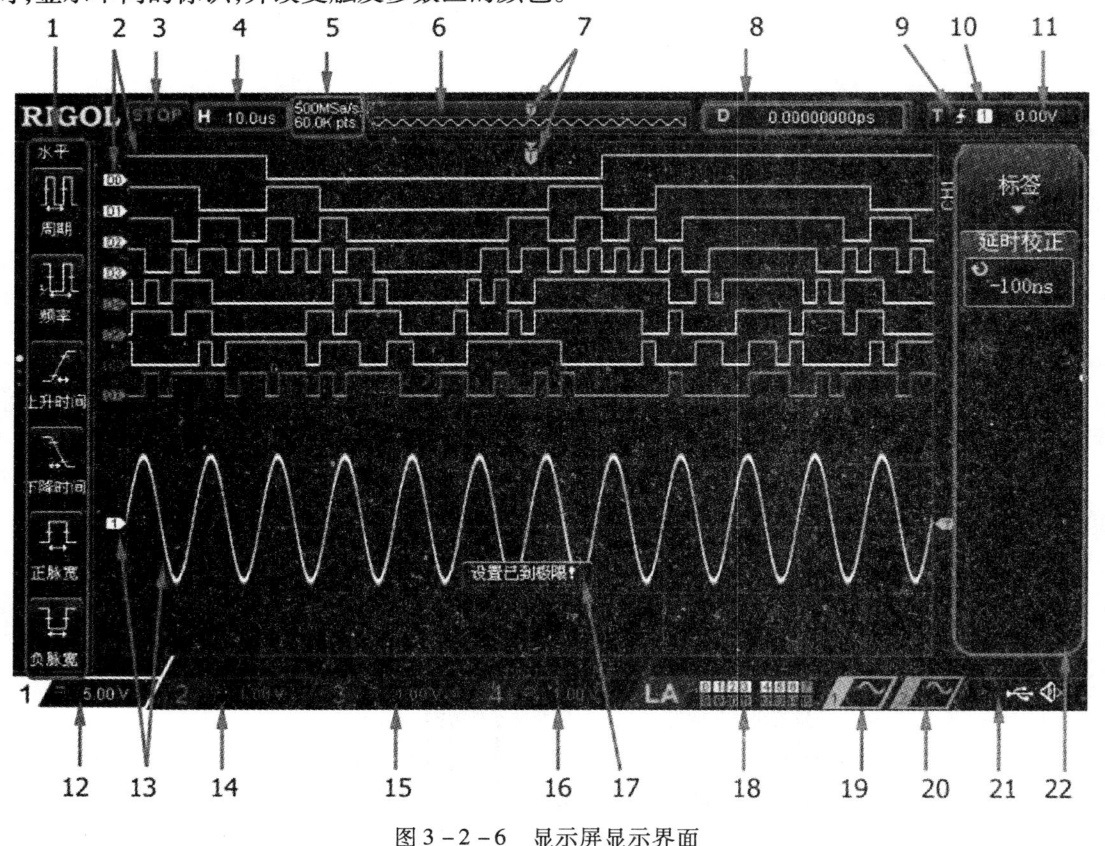

图 3-2-6　显示屏显示界面

11—触发电平。触发信源选择模拟通道时,需要设置合适的触发电平。屏幕右侧的箭头T为触发电平标记,右上角为触发电平值。使用触发 LEVEL 修改触发电平时,触发电平值会随箭头T的上下移动而改变。

12—CH1 垂直挡位。显示屏幕垂直方向 CH1 每格波形所代表的电压。按 CH1 选中 CH1 通道后,使用垂直 SCALE 可以修改该参数。

14,15,16 的内容同 12,而它们的区别在于 14,15,16 分别代表的是对信道 CH2,CH3,CH4 的参数。

13—模拟通道标签/波形。不同通道用不同的颜色表示,通道标签和波形的颜色一致。

17—消息框。显示提示消息。

18—数字通道状态区。

19(20)—源1(源2)波形。

(注:DS1054Z无18,19,20)

21—通知区域。显示声音图标和U盘图标。按Utility键,选择声音,可以打开或关闭声音;当示波器检测到U盘时,该区域显示连接。

22—操作菜单。按下任一软键可激活相应的菜单。

:表示可以旋转多功能旋钮进行参数值修改。多功能旋钮的背光灯在参数修改状态下变亮。

:表示可以旋转多功能旋钮选择所需选项,当前选中的选项显示为蓝色,按下旋转键进入所选项对应的菜单栏。带有该符号的菜单被选中后,旋转键的背光灯常亮。

:表示按下旋转旋钮将弹出数字键盘,可直接输入所需的参数值。带有该符号的菜单被选中后,旋转旋钮的背光灯常亮。

:表示当前菜单有若干选项。

▼:表示当前菜单有下一层菜单。

:按下该键可以返回上一级菜单。

三、注意事项

(1)该示波器电源电压使用220 V/50 Hz。在接通电源前先检查当地电网电压是否与额定值一致,错接电源会损坏示波器。

(2)为了避免永久性损坏CRT内的磁光质涂层,请不要将CRT的轨迹设在极亮的位置或把光点长时间停留在某一位置。

(3)如果一个AC电压叠加在DC电压之上,CH1和CH2输入的最大峰值电压不得超过300 V,所以对于一个平均值为零的AC电压,它的峰峰值是600 V。

仪器三　DG1022U 双通道函数波形发生器

一、概述

波形发生器又名信号源，它是为电子测量提供所需电信号的仪器。DG1022U 双通道函数/任意波形发生器使用直接数字合成(DDS)技术，可生产稳定、精准、纯净和低失真的正弦信号，它还能提供 5 MHz、具有快速上升沿和下降沿的方波。另外不需单独的调制源，内部 AM，FM，PM 以及 FSK 调制功能使仪器能够方便输出想要的调制波形。DG1022U 双通道函数/任意波形发生器能够提供简单而功能明晰的前面板，人性化的键盘布局和指示以及丰富的接口，直观的图像图形用户操作界面，内置的提示和上下文帮助系统极大地简化了复杂的操作过程，实现了易用性、优异的技术指标及众多功能特性的完美结合，可帮助用户更快地完成工作任务。

二、主要性能特性

(1)DDS 直接数字合成技术，得到精确、稳定、低失真的输出信号；

(2)双通道输出，可实现通道耦合，通道复制；

(3)输出 5 种基本波形，内置 48 种任意波形；

(4)可编辑输出 14 - bit、4k 点的用户自定义任意波形；

(5)采样率 100 MSa/s；

(6)具有丰富的调制功能，输出各种调制波形：调幅(AM)、调频(FM)、调相(PM)、二进制频移键控(FSK)；

(7)线性和对数扫描(Sweep)及脉冲串(Burst)模式；

(8)丰富的输入输出：外接调制源，外接基准 10 MHz 时钟源，外触发输入，波形输出，数字同步信号输出；

(9)高精度、宽频带频率计：

测量功能：频率、周期、占空比、正/负脉冲宽度；

频率范围：100 mHz ~ 200 MHz(单通道)。

(10)支持即插即用 USB 存储设备，并可通过 USB 存储设备存储、读取波形配置参数及用户自定义任意波形，升级软件；

(11)标准配置接口：USB Host、USB Device；

(12)可连接和控制 PA1011 功率放大器，将信号放大后输出；

(13)图形化界面可以对信号设置进行可视化验证。

三、面板描述

1. 前面板

前面板位置图如图 3－3－1 所示，前面板上包括各种功能按键、旋钮及菜单软键，可以进入不同的功能菜单或直接获得特定的功能应用。

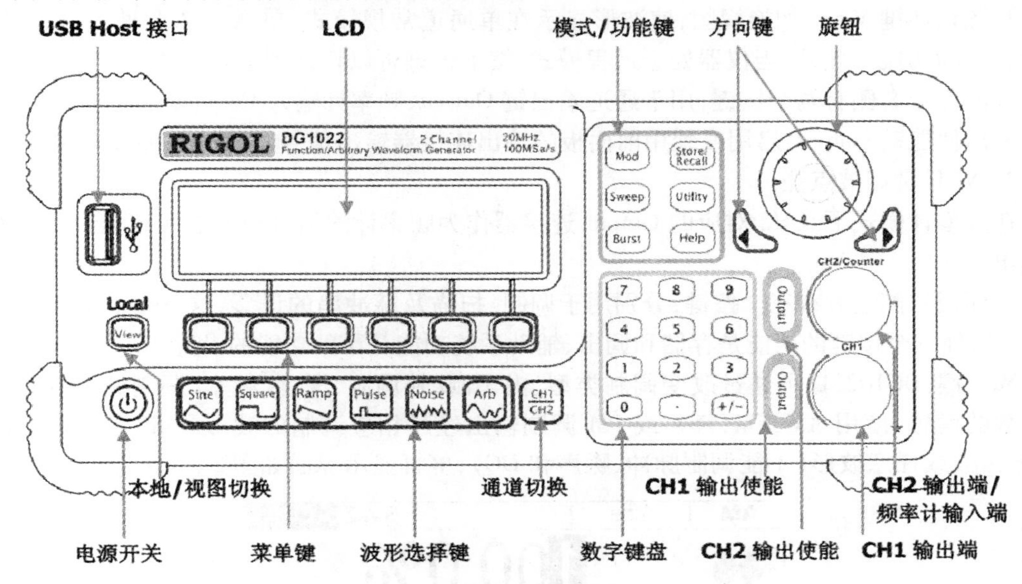

图 3－3－1　前面板图

波形选择键：在操作面板左侧下方有一系列带有波形显示的按键，它们分别代表：

Sine 键的波形图标变为正弦波信号，并在屏幕状态区左上角出现“Sine”字样。通过设置频率/周期、幅值/高电平、偏移/低电平、相位，可以得到不同参数值的正弦波。未定义时，系统默认参数为频率 1 kHz，幅值 $5.0V_{PP}$，偏移为 0 V_{DC}，初始相位为 0°。

Square 键的波形图标变为方波信号，并在屏幕状态区左上角出现“Square”字样。通过设置频率/周期、幅值/高电平、偏移/低电平、占空比、相位，可以得到不同参数值的方波。未定义时，系统默认参数为频率 1 kHz，幅值 $5.0V_{PP}$，偏移量 0 V_{DC}，占空比 50%，初始相位为 0°。

Ramp 键的波形图标变为锯齿波信号，并在屏幕状态区左上角出现“Ramp”字样。通过设置频率/周期、幅值/高电平、偏移/低电平、对称性、相位，可以得到不同参数值的锯齿波。未定义时，系统默认参数是频率 1 kHz，幅值为 $5.0V_{PP}$，偏移量 0 V_{DC}，对称性 50%，初始相位 0°。

Pulse 键的波形图标变为脉冲波信号，并在屏幕状态区左上角出现“Pulse”字样。通过设置频率/周期、幅值/高电平、偏移/低电平、脉宽/占空比、延时，可以得到不同参数值的脉冲波。未定义时，系统默认参数为频率 1kHz，幅值为 $5.0V_{PP}$，偏移量 0 V_{DC}，脉宽为 500 μs，占空比为 50%，延时为 0s。

Noise 键的波形图标变为噪声信号，并在屏幕状态区左上角出现“Noise”字样。通过设置幅值/高电平、偏移/低电平，可以得到不同参数值的噪声信号。未定义时，系统默认参数为幅值为 $5.0V_{PP}$，偏移量为 $0V_{DC}$。

Arb 键的波形图标变为任意波信号，并在屏幕状态区左上角出现“Arb”字样。通过设置频率/周期、幅值/高电平、偏移/低电平、相位,可以得到不同参数值的任意波信号。未定义时,系统默认参数为频率 1kHz,幅值为 5.0V_{PP},偏移量 0 V_{DC},相位 0°。

通道选择键$\frac{CH1}{CH2}$:切换通道,当前选中的通道可以进行参数设置。在常规和图形模式下均可以进行通道切换,以便用户观察和比较两通道中的波形。

视图切换键 View:切换视图,使波形显示在单通道常规模式、单通道图形模式、双通道常规模式之间切换。此外,当仪器处于远程模式,按下该键可以切换到本地模式。

在前面板右侧有两个按键,用于通道输出键 Output、频率计输入 Counter 的控制。

输出使能键 Output,启用或禁用前面板的输出连接器输出信号。已按下 Output 键的通道显示"ON"且键灯被点亮。

在频率计模式下,CH2 对应的 Output 连接器作为频率计的信号输入端,CH2 自动关闭,禁用输出。

前面板右侧上方有三个按键,分别用于调制、扫描及脉冲串的设置,这三个功能只适用于 CH1。另外三个按键的功能是存储和调出、辅助系统功能及帮助功能的设置。

Mod 键:DG1022U 可通过改变调制类型、内调制/外调制、深度、频率、调制波、跳频、速率等参数的设置,使用 AM,FM,FSK 或 PM 调制输出经过相应调制的波形。可调制正弦波、方波、锯齿波或任意波形(不能调制脉冲、噪声和 DC),屏幕显示界面如图 3-3-2 所示。

图 3-3-2　调制波形常规显示界面

Sweep 键:对正弦波、方波、锯齿波或任意波形产生扫描(不允许扫描脉冲、噪声和 DC),屏幕显示界面如图 3-3-3 所示。在扫描模式中,DG1022U 在指定的扫描时间内从开始频率到终止频率而变化输出。

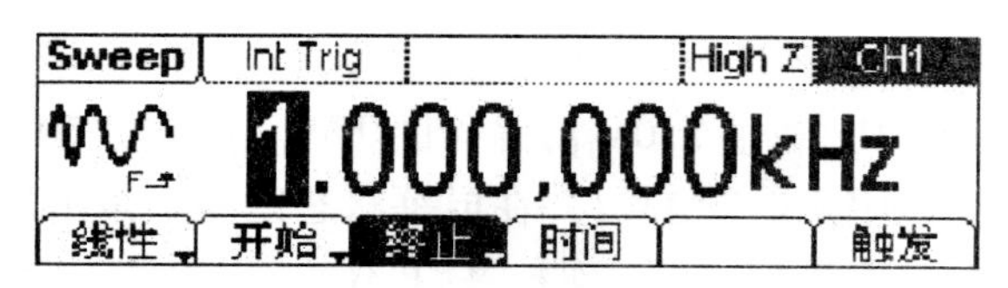

图 3-3-3　扫描波形常规显示界面

Burst 键:输出具有指定循环数目的波形,称为"脉冲串"。脉冲串可持续特定数目的波形循环(N 循环脉冲串),或受外部门控信号控制(为门控脉冲串)。脉冲串可适用于任何波形函数(DC 除外),该按键可以产生正弦波、方波、锯齿波、脉冲波或任意波形的脉冲串波形输出,但是噪声只能用于门控脉冲串。屏幕显示界面如图 3-3-4 所示。

Store/Recall 键:存储或调出波形数据和配置信息。

Utility 键:可以设置同步输出开/关、输出参数、通道耦合、通道复制、频率计测量;查看接口设置、系统设置信息;执行仪器自检和校准等操作。

Help 键:查看帮助信息列表。

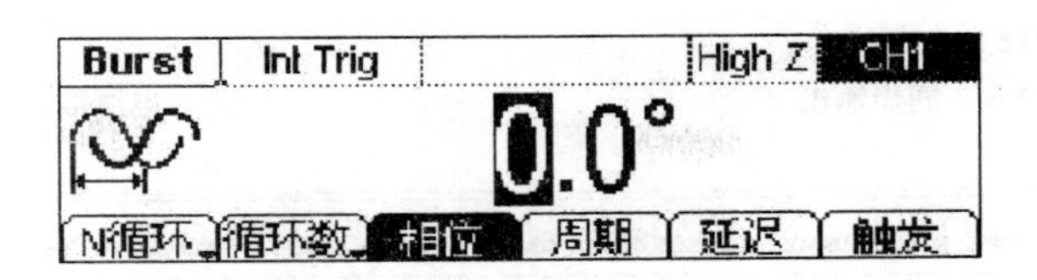

图 3－3－4　脉冲串波形常规显示界面

在前面板上有两组按键，分别是左右方向键和旋钮、数字键盘。

方向键：用于切换数值的数位、任意波文件/设置文件的存储位置。

旋钮：①改变数值大小。在 0～9 范围内改变某一数值大小时，顺时针转一格加 1，逆时针转一格减 1。②用于切换内建波形种类、任意波文件/设置文件的存储位置、文件名输入字符。

数字键盘：直接输入需要的数值，改变参数大小。

2. LED 显示界面

该仪器提供了 3 种界面显示模式：单通道常规模式、单通道图形模式及双通道常规模式，具体显示界面见图 3－3－5(a)，(b)，(c)所示。这 3 种显示模式可通过前面板左侧的 View 按键切换。用户可通过通道切换按键$\frac{\text{CH1}}{\text{CH2}}$来切换活动通道，以便于设定每通道的参数及观察、比较波形。

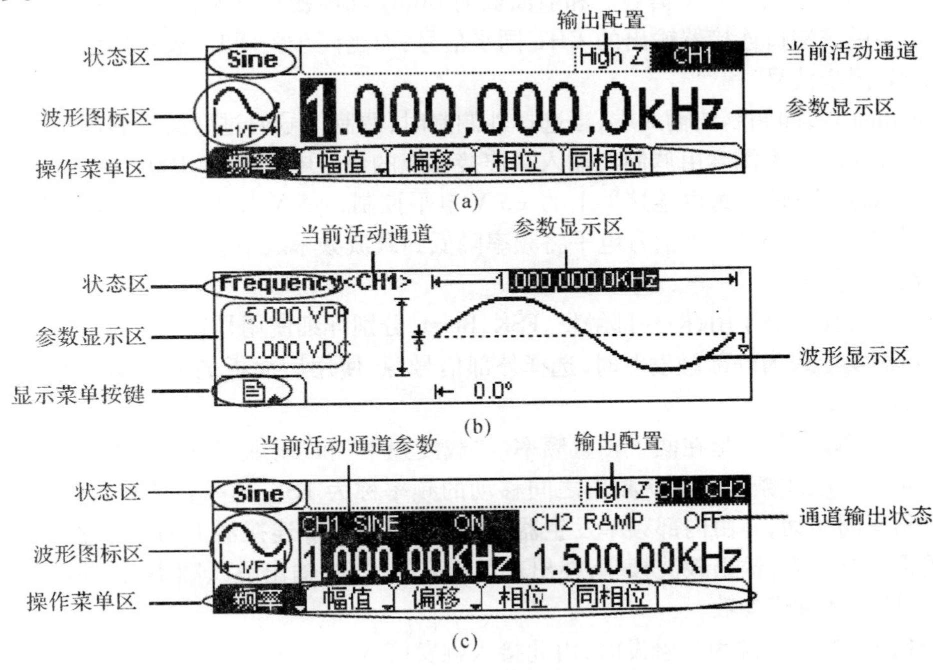

图 3－3－5　三种显示界面

(a)单通道常规显示；(b) 单通道图像显示；(c)双通道常规显示模式

3. 后面板

后面板位置图如图 3－3－6 所示。在此需要强调是 10 MHz 参考输入端、同步输出端、调制波输入端以及外部触发/FSK/Burst 端这四个端口的使用规则。

10 MHz 参考输入端是用来外接基准 10 MHz 时钟源。

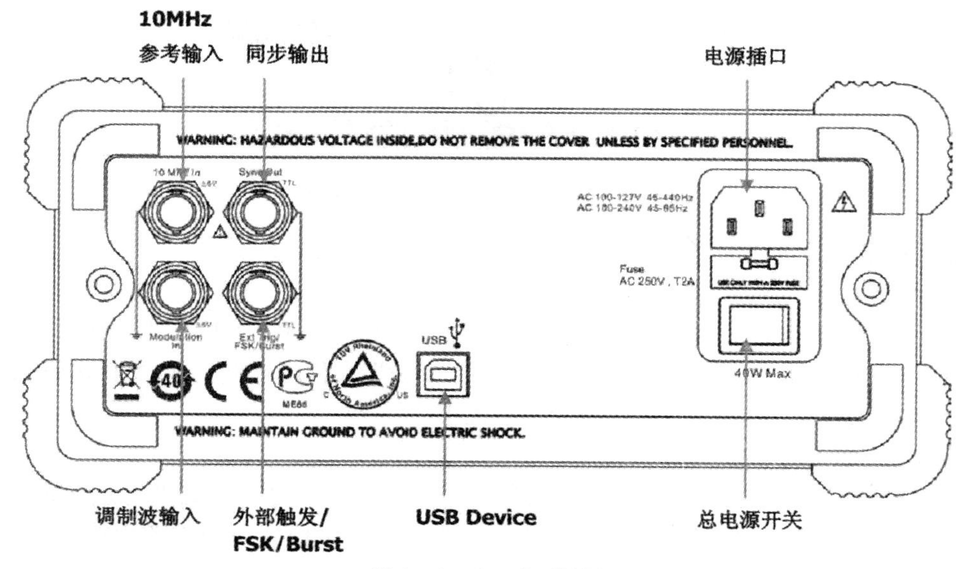

图 3-3-6　后面板图

Sync Out:同步输出端,连接器提供 CH1 的同步输出。所有标准输出函数(除 DC 和噪声之外)都具有一个相关的同步信号。和前面板的 Utility 功能键设置相关,当该按键下的同步打开时,表示启用该端口连接器输出的 CH1 同步信号;而当同步关闭时,表示禁用该端口连接器输出的 CH1 同步信号。

Modulation In,即调制波输入端,当选择外调制时,调制信号通过后面板的调制波输入端输入。对于外部源, AM 深度由调制波输入端连接器上的信号电平控制,100%的内调制与 +5 V 的外接信号源对应;偏移量由连接器上的 ±5 V 电平控制, +5 V 加上所选偏移量,较低的外部信号电平产生较少的偏移,负信号电平将频率降低到载波频率之下;另外还可在此基础上设置“频偏”“相移”参数。

Ext Trig 端有三个作用,即外部触发、FSK、Burst,分别详细使用是:

(1)当触发形式为外部触发源时,选择外部信号源,使用后面板的 Ext Trig 连接端作为外触发信号的接入端。

(2)使用 FSK 调制,是在两个预置频率(“载波频率”和“跳跃频率”)值间移动其输出频率。输出频率在载波频率和跳跃频率之间移动的频率称为 FSK 速率。该输出以何种频率在两个预置频率间移动,是由内部频率发生器或后面板 Ext Trig 连接器上的信号电平所决定的,在输出逻辑低电平时,输出载波频率;在出现逻辑高电平时,输出跳跃频率,另外对 FSK 信号,此时只需设置“跳频”参数。

(3)脉冲串的触发源为外触发时,由此接入触发信号。

四、注意事项

(1)幅值设置中的“dBm”单位选项只有在输出阻抗设置为非高阻时才会出现。

(2)占空比设置中当频率不大于 3 MHz,占空比取值在 20% ~80%;当频率 3 MHz(不包含)~4 MHz(包含),占空比取值在 40% ~60%;当频率在 4 MHz(不包含)~5 MHz(包含),占空比取值为 50%。

仪器四 BT3C－A 频率特性测试仪使用说明

一、概述

BT3C 型频率特性测试仪是利用示波管直接显示被测设备的频率响应曲线，本仪器为 BT3 型频率特性测试仪系列产品，由于采用晶体管、集成电路，因此本仪器与 BT3 型相比具有功耗低、体积小、重量轻、输出电压高、寄生调幅小、扫频非线性系数小、衰减器精度高、频谱纯度好、不分波段扫频、显示灵敏度高等特点。

用 BT3C 型频率可以测定无线电设备（如宽带放大器、雷达接收机的中频放大器、高频放大器、电视机的公共通道、伴音通道、视频通道以及滤波器等有源和无源四端口网络）的频率特性。仪器可以输出点频信号，亦可作一般信号发生器使用。前面板如图 3－4－1 所示。

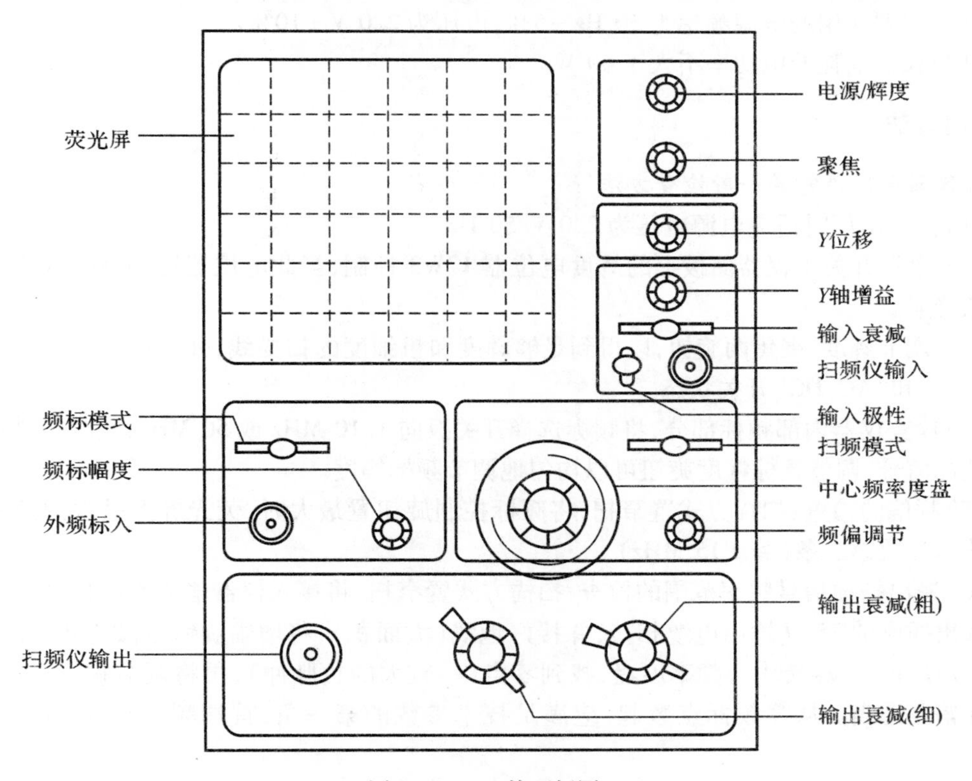

图 3－4－1 前面板图

二、技术指标

(1)全扫。

1)频率范围:1 ~300 MHz。

2) 输出平坦度:不大于 ±0.7 dB。

(2)窄扫。

1)中心频率:1 ~300 MHz 内连续调节。

2)频偏: ±0.5 MHz ~ ±15 MHz。

3)扫频输出寄生调幅大于7%。

4)扫频输出线性:不大于10%(频偏在 ±15 MHz 范围内)。

(3)扫频输出电压:大于 $0.5V_{MAX}$(75 Ω)。

(4)频率标记:50 MHz,10 MHz/1 MHz(1 MHz 和 10 MHz 同时显示)和及外频标。

(5)输出阻抗:75 Ω。

(6)输出衰减:10 dB ×7 步进、1 dB ×10 步进。

(7)检波探头输入电容不大于 5 pF(最大允许直流电压为 300 V)。

(8)显示部分垂直灵敏度不低于 2.5 mV_{pp}/cm。

(9)示波管屏有效面积 100 ×80 mm^2。

(10)显示图像沿垂直方向可在整个屏面内移动。

(11)仪器使用的电源频率为 50 Hz ±5%,电压为 220 V ±10%。

(12)仪器消耗的电功率不大于 40 W。

三、使用方法

1. 仪器电器性能的一般检查方法

(1)仪器出厂时适应电源电压为 220 V/50 Hz。

(2) 电源开关由仪器面板上的辉度电位器 17W3 控制,当此电位器转轴顺时针方向旋转时电源接通。

(3) 调节辉度,聚焦两旋钮,以得到足够辉度和粗细度的扫描线,并选择好使用的输入极性“ + - ”和“AC,DC”开关状态。

(4)检查仪器内部频标部分,将频标选择开关扳向 1.10 MHz 或 50 MHz,此时扫描基线上呈现频标信号,调节频标幅度旋钮可以均匀地调节频标幅度。

(5)频偏的检查:扫描方式置窄扫,将频标控制旋钮置最大时,荧光屏上呈现的频标数应满足技术参数第二条(≥ ±15 MHz)。

(6)输出扫描信号频率范围的检查:扫描方式置窄扫,将接入仪器输入端的检波探头与连接到输出插座的 75 Ω 输出电缆相接,并接好地线(大面积),将增幅旋钮略微旋转,屏幕上应出现一矩形框,先旋转中心频率度盘,找到零点(一较大的负脉冲),再将调节频标幅度旋钮,使频标幅度适当。从零频标点数起,应满足技术参数的第一条,首端频率在 0 ~10 MHz 内测定。

(7) 输出扫频信号寄生调幅系数的检查。如同上节连接方法,粗衰减器的细衰减器均放在0 dB 处,Y 轴增益适中,在额定的 ±15 MHz 频偏内观测荧屏上的矩形如图 3 -4 -2 所示,记

其最大值为 A,最小值为 B,则寄生调幅系数为 $M=(A-B)/(A+B)\times100\%$,在整个频率范围内 $M\leqslant10\%$。

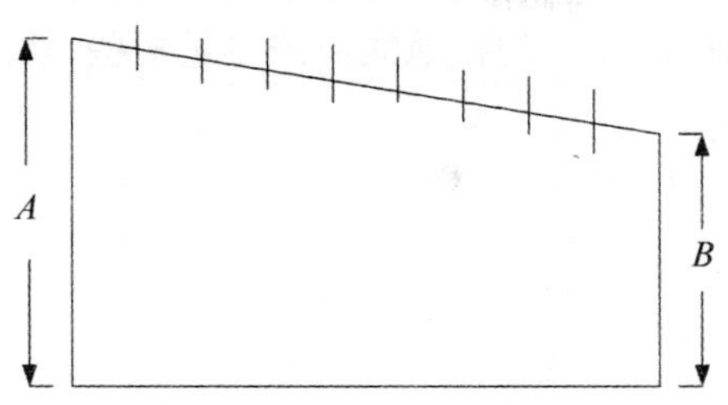

图 3 -4 -2　BT3 的电平显示

(8)检查仪器输出电压:在输出插座上接 75 Ω 输出电缆,用超高频毫伏表测其电压,扫频调节应放在点频处,其有效值应 >0.5 V。

(9)检查扫频信号的调频性的非线性系数。中心频率处在任意频率上,调节频偏为 ±15 MHz。按图 3 -4 -3 所示,进行检查。记下偏离 F 最大距离值为 A,最小距离为 B,非线性系数为

$$\gamma=(A-B)/(A+B)\times100\%$$

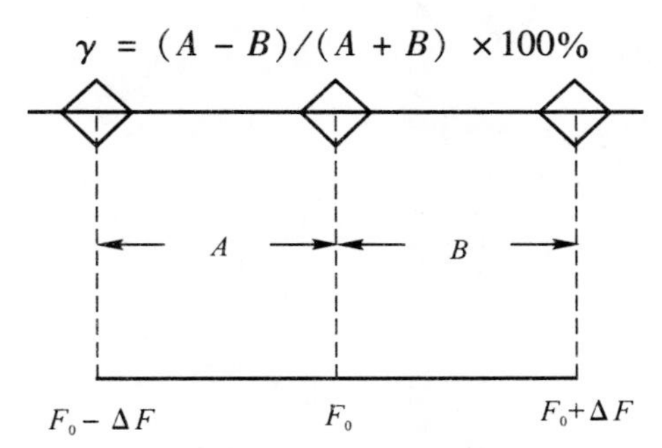

图 3 -4 -3　非线性系数检测

2. 使用方法

(1)在检查仪器的电气性能正常后,即可使用本仪器。测试时输出电缆和检波输入电缆(探头)的接线应尽量短一些,探头的探针也不应再另加接导线。

(2) 对于被测设备本身带有检波输出的可直接用直通电缆连接到显示部分 Y 输入插座上。应当注意,如果被测设备的输出带有直流电位时,应选择 AC 输入显示方式,以免损坏仪器。例如,测试电视机公共通道曲线时,应选择 AC 输入方式。

(3) 如果需要特殊的频率标记,则可以采用外接频标方式,只要将外接 RF 信号与外频标入口连接即可,此信号电压应大于 100 mV(有效值)。

(4)如果仪器水平基线倾斜,应该调整右侧板的“水平校正”。

四、测量注意事项

(1)被测电路输出信号未经检波时,一定使用检波探头与仪器输入端连接。若被测电路内部带有检波器,不应再用检波探头电缆,而要用直通电缆与仪器相连接。

(2)扫频仪与被测电路相连接时,必须考虑阻抗匹配问题。如被测电路的输入阻抗匹配问题。如与被测电路输入阻抗匹配,则应使用直通电缆作为扫频信号输出线;如不匹配,则应

使用阻抗为 75 Ω 的输出电缆线。

(3)在显示幅频特性曲线时,如发现图形有异常的曲折,说明被测电路有寄生振荡。

(4)测试时,输出电缆和检波探头的接地线应该尽量短些,切忌在检波头上加长导线。

仪器五　SP1500C 多功能计数器

一、概述

SP1500C 型多功能计数器是采用微处理技术开发完成的。它是一种精密的测试仪器，适合邮电通信、电子实验室、生产线及教学、科研之用。本仪器最大特点：①采用倒数计数技术，测量精度高，测频范围宽，灵敏度高，测量速度快；②采用单片微机电路进行周期频率测量和智能化管理，使得仪器具有很高的可靠性以及优良的性价比；③整机采用大规模集成电路设计，CPLD 器件的运用，使仪器元器件数量大大减少，可靠性大大提高，平均无故障工作时间可达上万小时；④10 位 LED 显示(8 位数据位、2 位指数值)；⑤机箱造型美观大方，新型轻触式导电橡胶按键操作起来更舒适、更方便。仪器外接电源 220 V/50 Hz 交流，仪器组成原理框图如图 3－5－1 所示。

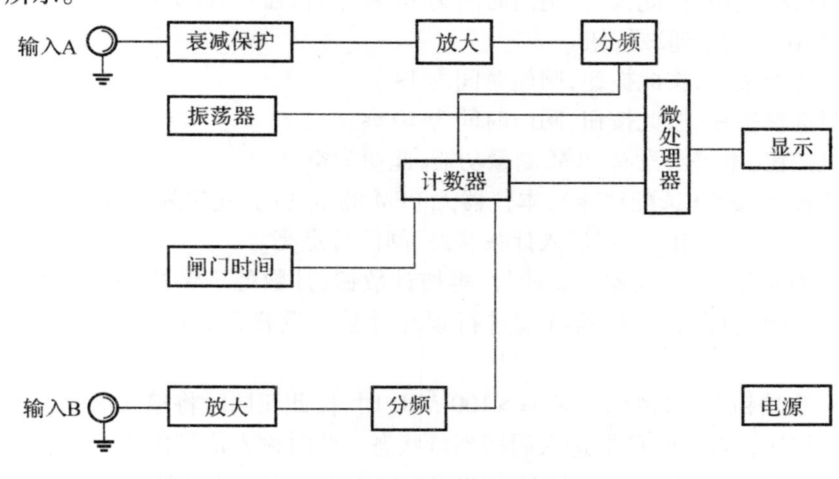

图 3－5－1　整机框图

二、仪器面板描述

1. SP1500C 前面板位置图如图 3－5－2 所示，各个旋钮、按键的功能如下：

①—测量数据显示窗口，显示测量的频率、周期或者计数的数据。

②—指数显示窗口，显示被测信号的指数量级。

③—B 通道输入插座，当被测信号频率 >100 MHz 时，由此通道输入。

④—A 通道输入，当被测信号频率 <100 MHz 或作周期、计数测量时由此通道输入。

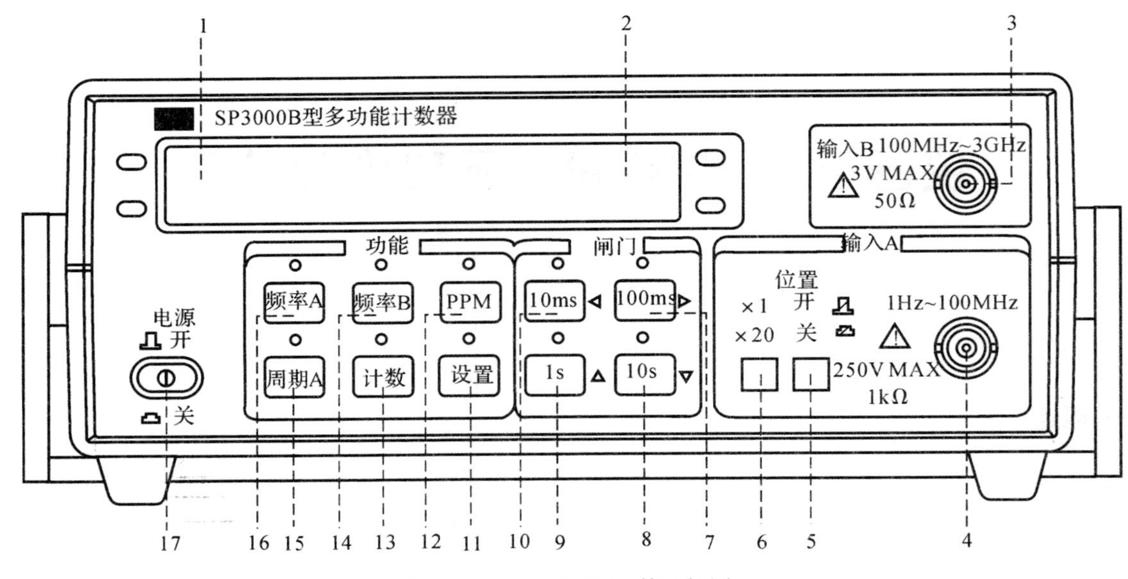

图 3-5-2　SP1500C 前面板图

⑤—低通道滤波器开关,按下此键可有效滤除低频信号上混有的高频成分。

⑥—衰减开关,按下此键,可衰减 A 通道输入信号 20 倍。

⑦—闸门选择按钮,按此按钮,闸门时间为 100 ms。

⑧—闸门选择按钮,按此按钮,闸门时间为 10 s。当仪器具有 PPM 测量功能,在设置预置频率 f_0 时,此按钮为数字递减按钮。

⑨—闸门选择按钮,按此按钮,闸门时间为 1s。

⑩—闸门选择按钮,按此按钮,闸门时间为 10ms。

⑪—设置按钮,本仪器没有 PPM 测量功能,此钮为空键。

⑫—PPM 测量按钮(选配功能),本仪器无 PPM 测量功能,此钮为空键。

⑬—计数按钮,按此钮,仪器进入计数状态,闸门灯点亮。

若 A 通道有输入信号,仪器开始计数,再按计数钮,计数处于保持(停止)状态,闸门灯熄灭,再按计数钮,闸门灯又亮,仪器继续进行累加计数。设置钮和四个阀门钮均为计数清零按钮。

⑭—频率 B 按钮,当被测信号频率 >100 MHz 时,按此钮同时将输入信号由 B 通道输入。

⑮—周期按钮,按此钮,仪器进入周期测量状态。此时输入信号由 A 通道输入。

⑯—频率 A 按钮,当被测信号频率 <100 MHz 时,按次钮,仪器进入频率测量状态。

⑰—整机电源开关,按此键时,机内电流接通,仪器显示机型后进入自校状态。此按键释放为关闭整机电源。

2. *后面板*

后面板如图 3-5-3 所示。

①—10 MHz 标频输入插座,当输入 $>1V_{pp}$ 的 10 MHz 外接标频时,EXT 指示灯亮,机内被自动切换成外部标频工作。

②—保险丝管座,内置保险丝容量为 0.5 A。

③—电源插座,交流市电 220 V 输入插座。

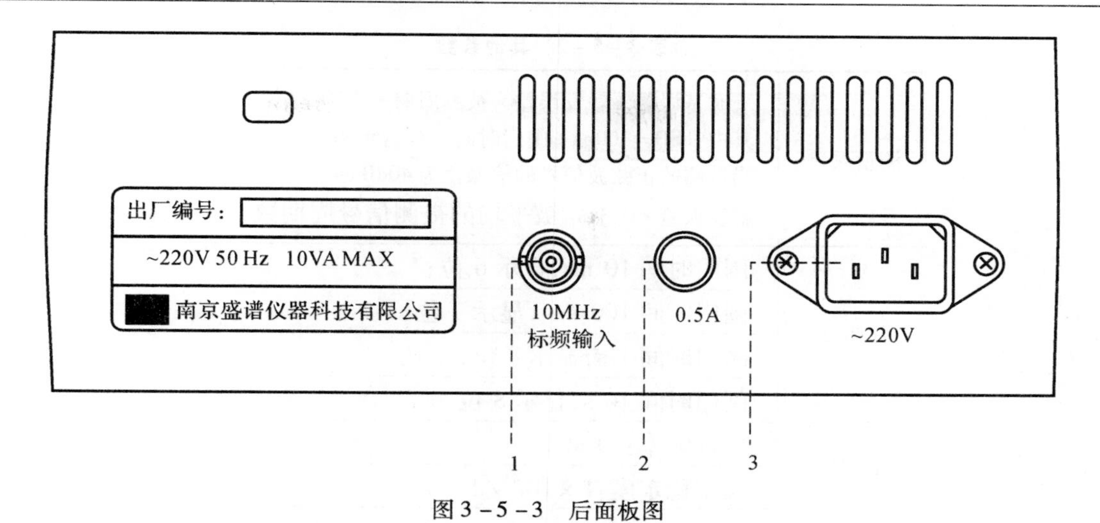

图 3－5－3　后面板图

三、参数指标

SP1500C 多功能计数器的主要技术参数参见表 3－5－1，其他的参数见表 3－5－2。

表 3－5－1　主要参数

功能	测频、测周、计数、自校
频率测量范围	A 通道：1 Hz ~ 100 MHz
	B 通道：100 MHz ~ 1.5 GHz
周期测量范围	10 ns ~ 1 s
计数容量	$10^8 - 1$
灵敏度	1 ~ 10 Hz；40 mVrms
	10 Hz ~ 100 MHz；20 mVrms
	100 MHz ~ 3 GHz；30 mVrms
输入衰减	×1 或 ×20
阻抗	A 通道：1 MΩ /40 pF；
	B 通道：50 Ω
最大输入幅度	A 通道：交流加直流 ≤ 250 V_{pp}
	B 通道：≤3 V_{pp}
波形适应性	正弦波、脉冲波、三角波
耦合方式	AC 耦合
动态范围	A 通道：20 mVrms ~ 250 V_{pp}
	B 通道：30 mVrms ~ 1 Vrms
晶振稳定度	优于 ± 5 $\times 10^{-6}$/d

表 3-5-2　其他参数

测量误差	±时基误差±触发误差×被测周期± LSD 其中:LSD = 100ns÷闸门时间×被测频率 当被测的正弦波信号的信噪比为 40dB 时 触发误差<0.3%/被平均的被测信号周期数
分辨率	闸门时间 10 ms,显示 6 位;
	闸门时间 100 ms ,显示 7 位;
	闸门时间 1 s,显示 8 位;
	闸门时间 10 s,显示 8 位
时基	标称频率:10 MHz
	频率稳定度:1×10^{-5}/d
外形尺寸	210 mm×230 mm×80 mm
重量	1.8 kg

四、指数显示示例

指数显示根据测量项(频率或者周期)的不同而不同,具体见表 3-5-3 和表 3-5-4。

表 3-5-3　频率测量

被测信号显示	指数值	频率单位
10.000 000	0	10 Hz
10.000 000	3	10 kHz
10.000 000	6	10 MHz
3.000 000 00	9	3 GHz

表 3-5-4　周期测量

被测信号显示	指数值	周期单位
1.000 000 00	0	1 s
100.000 00	-3	100 ms
100.000 00	-6	100 μs
100.000 00	-9	100 ns

五、注意事项

(1)本仪器采用大规模集成电路,修理时禁用二芯电源线的电烙铁,校准测试时,测量仪器或其他设备的外壳应接地良好,以免意外损坏。

(2)在更换保险丝时严禁带电操作,必须将电源线与交流市电电源切断,以保证人身安全。

(3)维护修理时,一般先排除直观故障,例如:断线、碰线、器件倒伏、插件脱落等可视损坏故障。然后根据故障现象按工作原理初步分析出故障电路的范围,再以必要的手段来对故障电路进行静态,动态检查,查出确切故障后按实际情况处理,使仪器恢复正常运行。

(4)重大故障及严重损坏与产品方联系或者技术咨询或返回公司修理。

仪器六　DA22A 型超高频毫伏表

一、概述

DA22A 型超高频毫伏表是采用国内外先进技术研制而成的产品。其采用双二极管检波，反馈比较放大型电路，能测量频率范围为 20 kHz ~ 1 GHz、电压为 800 μV ~ 10 V 的正弦波有效电压。该产品具有测量准确度高、线性好的优点。仪器操作简单，不用逐挡调零，具有直流线性电压输出，便于用户需要配上 100:1 分压器和一套 50 Ω 转换接头。

本仪器可供通信机、收音机、电视机、电子仪器和电信元件的生产厂及学校和科研单位广泛使用。

二、技术参数

(1)交流电压测量范围为 800 μV ~ 10 V，而量程共分为八挡，详见表 3 - 6 - 1。

表 3 - 6 - 1　电压量程

电压量程	3 mV	10 mV	30 mV	0.1 mV	0.3 mV	1 V	3 V	10 V
dB 量程/dBm	+30	+20	+10	0	-10	-20	-30	-40

注:50 Ω 系统 0 dB = 0.224 V,75 Ω 系统 0 dB = 0.274 V。

(2)测量电压的频率范围 20 kHz ~ 1 GHz，输入电容不大于 2.5 pF。

(3)电压的固有误差和基准备件下的频率影响误差见表 3 - 6 - 2。

表 3 - 6 - 2　各挡误差

电压的固有误差		基准备下的频率影响误差	
300 mV 挡以上	±2%	100 kHz ~ 50 MHz	±3%
30 mV,100 mV 挡	±3%	20 kHz ~ 600 MHz	±10%
10 mV 挡以下	±5%	600 MHz ~ 1000 MHz	±15%

注：以 100 kHz 为基准，百分数为经 1 V 挡自动校准后不超过满度值的百分值。

(4)输出电压：在任意一个挡量程上，当指针指示满刻度“1.0”位置时，输出电压应为 1 V ±15%。

(5)工作温度范围:0 ~ 40 ℃，温度每变化 10 ℃，温度附加误差为:300 mV 挡以上为 1%，其他挡为 2%。

(6) 电源：电压为 220 V ± 10%，(50 ± 2) Hz，电源功率消耗小于 4 W。

三、仪器组成及工作原理

本仪器电路组成由探头及相加电路、调制型直流放大器、缓冲器、DC/AC 变换电路、滤波及耦合放大器、控制开关、电表、自动校准源、稳压源等组成。各部分电路功用及工作原理如图 3-6-1 所示。

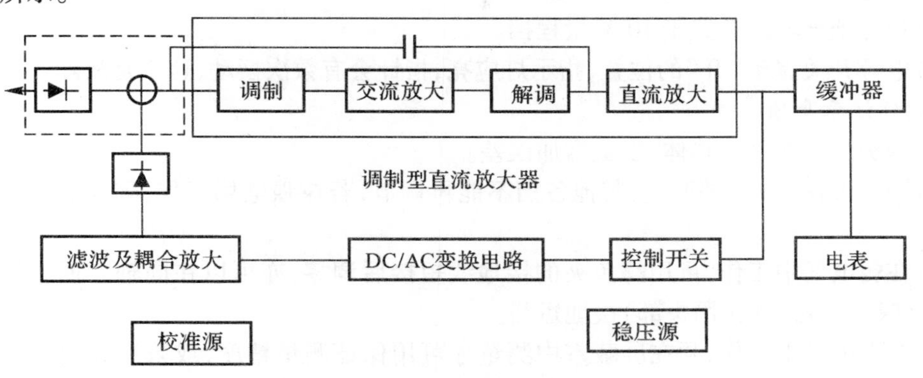

图 3-6-1　DA22A 型毫伏表电路组成

(1)探头及相加电路。探头内有两组特性相同的二极管,一组做输入信号的检波,一组做反馈信号的检波。控头输出的信号,经过调制放大、解调后直流放大,一路给电表指示,另一部分经 D/A 变换后,由反馈放大器把反馈信号给反馈信号检波器,完成深度负反馈补偿。虽输入检波二极管在小信号检波时呈现了非线性输出,但因反馈信号的检波输出亦是以非线性输出来补偿,故而获得良好的线性输出特性。

(2)调制型直流放大器把输入的信号进行调制,放大解调再放大,然后把放大后的直流信号,经控制开关加至 DC/AC 变换电路,把反馈用的直流电压调制成交流信号。此信号经滤波器及耦合放大器,输出的反馈信号电压经耦合送入探头。

(3)控制开关。控制放大器各量程的反馈量及输出指示。

(4)缓冲器。其放大倍数近于 1,起缓冲作用,输出的直流电压一路给电表指示,另一路至后面板可监视电表指示货供他用。

(5)校准器采用国外先进技术自动校准。

(6)电源及其他。

1)电源:电压为 220 V ±10%,(50 ±2)Hz,电源功率消耗小于 4 W。

2)DA22A 型超高频毫伏表的外形尺寸(宽×高×深)为 270 mm×130 mm×268 mm,重量小于 4.5 kg。

3)输入波形:本仪器按正弦波的有效值校准,测量电压的波形失真会使仪器的测量误差增大。

4)用检波探头测量,由于检波二极管的反向击穿电压较小,故交流电压的 10 V 挡最大输入电压不得大于 15 V,仪器的最大输入交流电压和直流电压叠加后的总有效值应小于 50 V,若大于 50 V 峰值电压加到探头,部分电路可能被损坏。

四、仪器操作使用

1. 操作准备

(1)仪器接通电源前,检查表头指针是否指在零点,如不在零点,用调节螺丝调整到零。

(2)用电源线把仪器同电源连接起来。

(3)预先把波段开关置于 10 V 量程挡。

(4)电源开关置于"开"的位置,指示灯应亮,指针会有数次摆动,这不是故障。

2. 操作注意事项

(1)探头尽量离开发热体,以免增加误差。

(2)调零仅在 3 mV 挡调整,其他各挡不能再调节,若在强电场工作,零点有变化,需重新调整。

(3)在弱电场中工作,可用鳄鱼夹的接地线短接后调零,亦可以在同轴三通中短路调零,或者是以探头外壳直接(用头部)接地短路。

(4)在强电场中工作,须在屏蔽室中测量才可用保证测量精度,或采用其他措施,以保证小信号的测量精度。

(5)高阻抗、小信号测量,接地线应尽量短。高频测量,尽量使用 T 形三通及端接 50 Ω 终端负载,但需要小心使用,防长探针损坏。

(6)仪器开机预热 30 min,仪器自动校准。

3. 操作使用步骤

(1)将量程开关调到所需挡。探头按测量需要接附件。量程的选择应使表头指示值大于满刻度的 30%,又小于满刻度值为佳;

(2)电压测量值是由表头读数值与该量程值当值而得出。电平测量则应端口接 50 Ω 终端负载,以表头所读得的 dBm 值与该量程挡的 dBm 相加而得;

(3)小于 30 mV 的电压测量,须经过调 3 mV 的零点。零点的调节,以指外针似起非起或在 0 点或 1 ~2 小格为佳(因仪器零点在负零偏时,亦在零点的位置)。小信号的测量,地线不可移动,尽量短,或是在 T 形三通中测量。

4. 附件的使用

(1)长探针的使用:长探针可保护探头,测量频率较低时,尽量采用;

(2)100:1 分压器:此分压器按用户的需要而选购,使用时,读数值须乘上 100,测量电压最大 30 V,频率 150 MHz。

(3)同轴 T 形三通及 50 Ω 终端负载:高频测量,尽量使用,但须有相应电缆连接。

5. 维护与修理

若长期的存放后使用,某些元器件可能变化,故须维护与检查,但维护人员须对仪器原理及维护方法掌握,技术熟练地可动手。

仪器七　EE1642B1 型函数信号发生器/计数器

一、概述

本仪器是一种精密的测量仪器，因其具有连续信号、扫频信号、函数信号、脉冲信号等多种输出信号和外部测量功能，故定名为 EE1642B1 型函数信号发生器/计数器。本仪器是电子工程师、电子实验室、生产线及教学、科学需配备的理想设备。

仪器的主要特征如下：

（1）信号产生采用大规模的单片集成精密函数发生器电路，整机采用中大规模集成电路设计，具有全功能输出保护，以保证仪器的高可靠性，使得该机具有很高的可靠性及优良性能/价格比。

（2）采用单片微机电路进行整周期频率测量和智能化管理，对于输出信号的频率幅度用户可以直观、准确地了解到。

（3）该机采用了精密电流源电路，使输出信号在整个频带内具有相当高的精度，同时多种电流源的变换使用，使仪器不仅具有正弦波、三角波、方波等基本波形，更具有锯齿波、脉冲波等多种非对称波形的输出，同时对各种波形均可以实现扫描功能。

（4）机箱造型美观大方，电子控制按钮操作起来更舒服，更方便。

二、主要技术参数

仪器的主要技术参数见表 3－7－1、表 3－7－2 和表 3－7－3。

表 3－7－1　函信号发生器主要技术参数

项目		技术参数
输出频率		0.2 Hz～15 MHz（正弦波） 每挡均以频率微调电位器实行频率调节
输出阻抗	函数输出	50 Ω
	TTL 同步输出	600 Ω
输出信号波形	函数输出	正弦波、三角波、方波（对称或非对称输出）
	TTL 同步输出	脉冲波

续表

项目		技术参数
输出信号幅度	函数输出	不衰减:(1 V_{pp} ~ 10 V_{pp}), ±10%连续可调 衰减 20 dB:(0.1 V_{pp} ~ 1 V_{pp}), ±10%连续可调 衰减 40 dB:(0.1 V_{pp} ~ 1 V_{pp}), ±10%连续可调
	TTL 同步输出	"0"电平:≤0.8 V,"1"电平:≥1.8 V(负载电阻≥600 Ω)
函数输出信号衰减	0 dB/20 dB 或者 40 dB(0 dB 即为部没有衰减)	
输出信号类型	单频信号、扫频信号、调频信号(收外控)	
内扫描特性	扫描时间	10 ms ~ 5 s, ±10%
	扫描宽度	≥1 频程
输出信号特征	正弦波失真度	<1%
	三角波线性度	>90%(输出幅度的 10% ~90% 区域)
	脉冲波上升/下降沿时间(输出幅度的10% ~90%)	≤30 ns 脉冲波、上升/下降沿过冲:≤5%(50 Ω 负载) 测试条件:10 kHz 频率输出,输出幅度为 5V_{pp},直流电平调节为"关"位置,对称性调节为"关"位置,整机预热 10 min
输出信号频率稳定度		±0.1%/min(测试条件同上)
幅度显示	显示单位	V_{pp}或 mV_{pp}
	显示位数	三位(小数点自动定位)
	显示误差	V_o ±20% ±1 个字(V_{pp}输出信号的峰峰幅度值,负载电阻为 50 Ω,负载电阻≥1 MΩ 时 V_{pp}读数需乘 2)
	分辨率(50 Ω 负载)	0.1 V_{pp}(衰减 0 dB) 1 mV_{pp}(衰减 40 dB) 10 mV_{pp}(衰减 20 dB)
频率显示	显示范围	0.200 Hz ~ 20 MHz
	显示有效位数	五位 10 MHz ~ 20 MHz 四位 f_0:(1.00 ~ 4.999) × 10^n Hz f_0:1 MHz ~ 9999 kHz 三位 f_0:(5.00 ~ 9.99) × 10^n Hz (n = 0,1,2,3,4,5)

表 3-7-2 频率计数器主要技术参数

项目	技术参数
频率测量范围	0.2 Hz ~ 20 MHz
输入电压范围(衰减度为 0 dB)	50 mV ~ 2V(10 Hz ~ 20 MHz)
输入阻抗	500 kΩ/30 pF

续表

项目		技术参数
波形适应性		正弦波、方波
滤波器截止频率		大约 100 kHz(带内衰减,满足最小输入电压要求)
测量时间		0.1 s(f_i >10 Hz)
		单个被测信号周期(f_i <10 Hz)
显示方式	显示范围	0.2 Hz ~ 20 MHz
	显示有效位数	五位　10 Hz ~ 20 MHz 四位　1 Hz ~ 10 kHz 三位　0.2 Hz ~ 1 kHz
测量误差	时基误差 ± 触发误差(触发误差:单周期测量时被测信号的信噪比优于 40 dB,则触发误差≤0.3%)	
时基	标称频率	10 MHz
	频率稳定度	$\pm 5 \times 10^{-5}$/d

表 3－7－3　其他

项目		技术参数
电源适应性及整机功耗	电压	220 V ± 10%
	频率	50 Hz ± 5%
	功耗	≤30 V · A

三、工作原理

如图 3－7－1 所示,整机电路由两片单片机进行管理,主要工作为:控制函数发生器的频率;控制输出信号的波形;测量输出的频率或测量外部输入的频率并显示;测量输出信号的幅度并显示。

函数信号由专门的集成电路产生,该电路集成度大,线路简单精度高并易于与微机接口,使得整机指标得到可靠保证。

扫描电路由多片放大器组成,以满足扫描宽度、扫描速率的需要。宽带直流功放电路的选用,保证输出信号的带负载能力以及输出信号的直流电平偏移,均可受面板电位器控制。

整机电源采用线性电路以保证输出波形的纯净性,具有过压、过流、过热保护。

四、使用说明

1. 前面板说明

EE1642B1 前面板布局参考图 3－7－2 所示,面板窗口各按键、旋钮及功能说明如下。

1—频率显示窗口,显示输出信号的频率或外测频信号的频率。

2—幅度显示窗口,显示函数输出信号的幅度。

3—扫描宽度调节旋钮,调节此电位器可以改变内扫描的时间长短。在外测频时,逆时针旋到底(绿灯亮),为外输入测量信号经过低通开关进入测量系统。

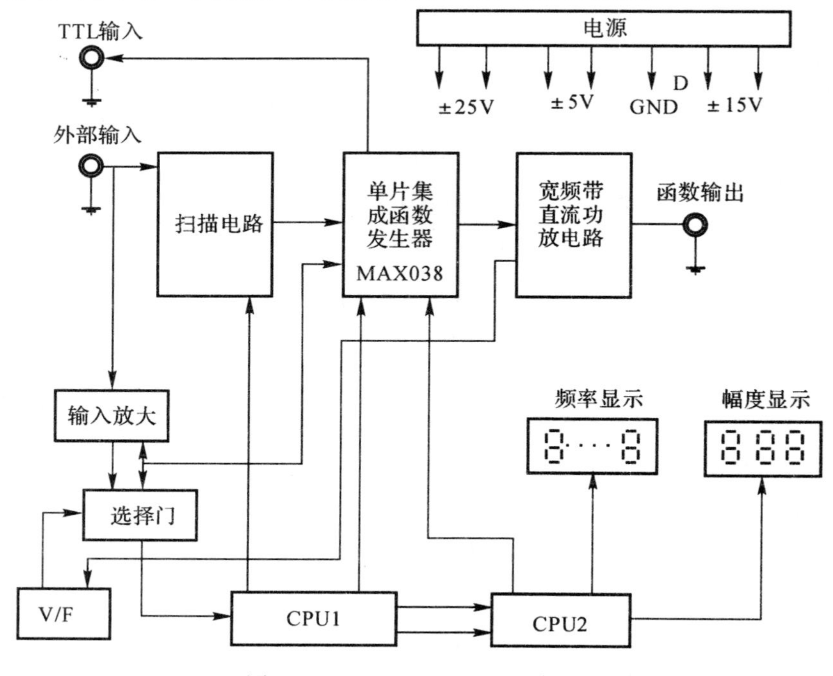

图 3-7-1 EE1642B1 整机框图

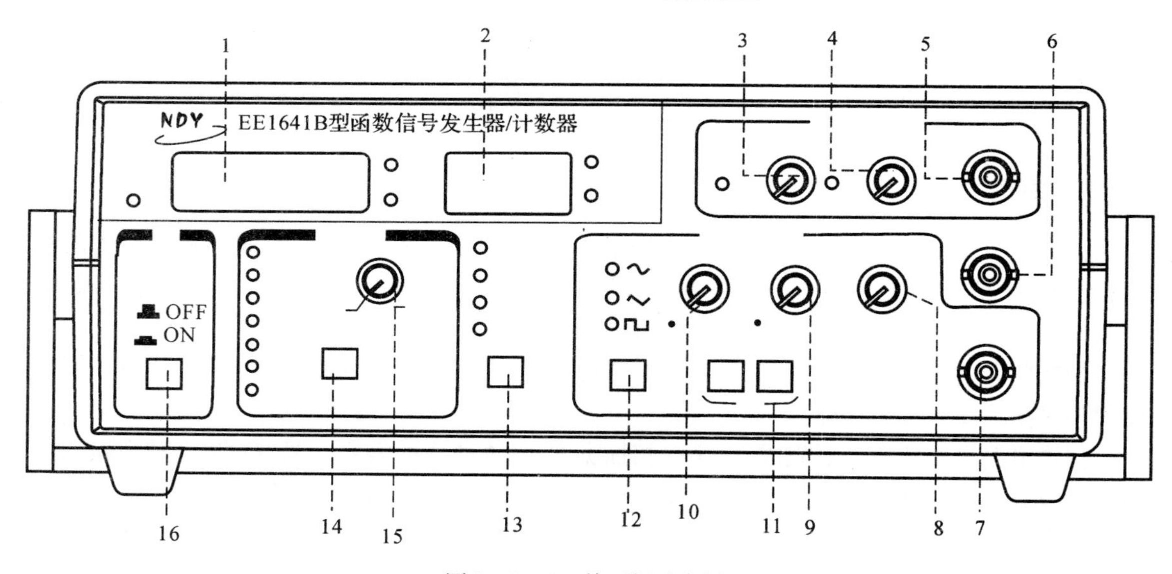

图 3-7-2 前面板示意图

4—速率调节旋钮,调节此电位器可调节扫频输出的扫频范围。在外测频时,逆时针旋到底(绿灯亮),为外输入测量信号经过衰减“20 dB”进入测量系统。

5—外部输入插座,当“扫描/计数键(13)功能选择在外扫描状态或外测频功能时,外扫描控制信号或外测频信号由此输入”。

6—TTL 信号输出端,输出标准的 TTL 幅度的脉冲信号,输出阻抗为 600 Ω。

7—函数信号输出端，输出多种波形受控的函数信号，输出幅度 20 V_{pp}（1 MΩ 负载），10 V_{pp}（50 Ω 负载）。

8—函数信号输出幅度调节旋钮，调节范围 20 dB。

9—函数信号输出信号直流电平预置调节旋钮，调节范围：-5 V～+5 V(50 Ω 负载)，当电位器处于中心位置时，则为 0 电平。

10—输出波形，对称性调节旋钮，调节此旋钮可改变信号的对称性。当电位器处于中心位置或“OFF”位置时，则输出对称信号。

11—函数信号输出幅度衰减开关，“20dB”“40dB”键均不按下，输出信号不经衰减，直接输出到插座口。“20dB”“40dB”键分别按下，则可以选择 20dB 或者 40dB 衰减。

12—函数输出波形选择按钮，可选择正弦波、三角波、脉冲波输出。

13—“扫描/计数”按钮，可选择多种扫描方式和外测频方式。

14—频段选择按钮，每按一次此按钮可改变输出频率的一个频段。

15—频率调节旋钮，调节此旋钮可改变输出频率的一个频程。

16—整机电源开关，此按键按下时，机内电源接通，整机工作。此键释放为关掉整机电源。

2. 后面板说明

EE1642B1 后面板布局如图 3-7-3 所示。其中①为电源插座（AC220V），②为电源插座（FUSE0.5A），即交流市电 220 V 进线保险丝管座。

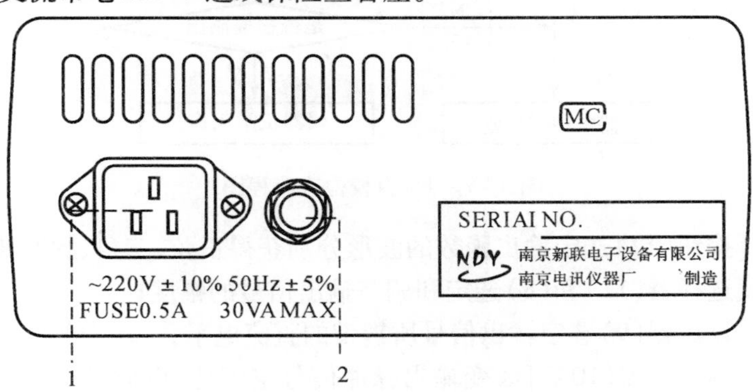

图 3-7-3　后面板示意图

3. 仪器使用方法

（1）测量、试验的准备工作。请先检查市电电压，确认市电电压在 220 V±10% 范围内，方可将电源线插头插入本仪器后面板电源线插座内，供仪器随时开启工作。

（2）自校检查。

1）在使用本仪器进行测试工作之前，可对其进行自校检查，以确认仪器工作正常与否。

2）自校检查程序（见图 3-7-4）。

（3）函数信号输出

1）50 Ω 主函数信号输出。

①以终端连接 50 Ω 匹配器的测试电缆，由前面板插座（7）输出函数信号；

②由频率选择按钮（14）选定输出函数信号的频段，由频率调节旋钮（15）调整输出信号频率，直到所需的工作频率值；

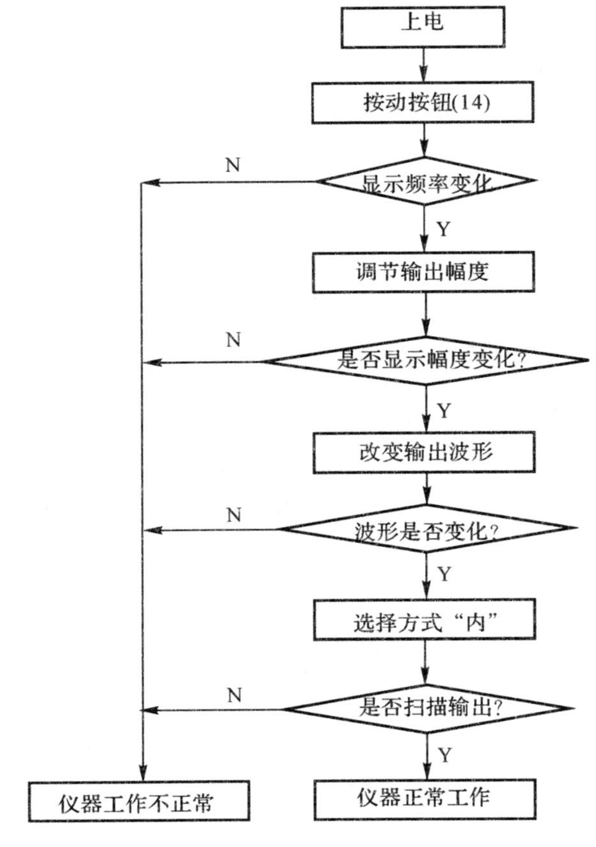

图 3-7-4　自校检查流程图

③由波形选择按钮(12)选定输出函数的波形分别获得正弦、三角、脉冲波；

④由信号幅度选择器(11)和(8)选定和调节输出信号的幅度；

⑤由信号电平设定器(9)选定输出信号所携带的直流电平；

⑥输出波形对称调节器(10)可改变输出脉冲信号空度比，以此类似，输出波形为三角或正弦时可使三角波调变为锯齿波，正弦波调变为正与负半周期分别为不同角频率的正弦波形，且可移相180°。

2)TTL 脉冲信号输出。

①除了信号电平为标准的 TTL 电平外，其重复频率、调控操作均与函数输出信号一致；

②以测试电缆(终端不加 50 Ω 匹配器)由输出插座(6)输出 TTL 脉冲信号。

3)内扫描/扫频信号输出。

①“扫描/计数”按钮(13)选定为内扫描方式；

②分别调节扫描宽度调节(3)和扫描速率调机器(4)获得所需的扫描信号输出；

③函数输出插座(7)、TTL 脉冲输出插座(6)均输出相应的内扫描的扫频信号。

4)外扫描/扫频信号输出。

①“扫描/计数”按钮(13)选定为内外扫描方式；

②由外部输入插座(5)输入相应的控制信号，即可得到相应的受控扫描信号。

4. 外测频功能检查

(1)“扫描/计数”按钮(13)选定为外计数方式;

(2)用本机提供的测试电缆,将函数信号引入外部输入插座(5),观察显示频率应为“内”测量时相同。

五、注意事项

(1)本仪器采用大规模集成电路,修理时禁用二芯电源线的电烙铁,校准测试时,测量仪器或其他设备的外壳应接地良好,以免意外损坏。

(2)在更换保险丝时严禁带电操作,必须将电源线与交流市电电压切断,以保证人身安全。

(3)维护修理时,一般先排除直观故障,如断线、碰线、器件倒伏、接插件脱落等可视损坏故障。然后根据故障现象按照工作原理初步分析出故障电路的范围,再以必要的手段来对故障电路进行静态、动态检查,查出确切故障后按实际情况处理,使仪器恢复正常运行。

(4)重大故障及严重损坏与厂家联系或者技术咨询或返厂维修。

仪器八　KH1656C 型合成信号发生器使用说明

一、概述

KH1656C 型数字合成信号(DDS)发生器,是一台高精度、高稳定度、高分辨率(LCD 频率和电平显示)智能化频率合成信号发生器,同时具有精密函数发生器的主要功能。该仪器是根据当代技术的发展和市场的需要而设计的,频率覆盖 0.5 Hz 到 20.000 000 MHz,可输出正弦波、方波、可调脉冲波、三角波。本仪器采用当代最新的 DDS 数字频率合成技术,保证输出频率具有晶体的稳定性,输出频率的最小分辨率为 0.01 Hz,转换速率极快。全部参数预置操作,直接键入所需输出频率和电平,输出电平可用 mV,V,dBμV 预置,输出衰减器的分辨率最小为 0.1 dB,输出阻抗 50 Ω,输出频率和幅度全部 LCD 液晶数字显示。设计中采用了高性能的放大器和精密的衰减器,使输出频率响应平稳,脉冲响应频率宽,适用于生产、科研、教学等单位的对电子电路测量、调试的需要。

二、主要特性

(1)本机采用 DDS 数字频率合成技术。
(2)输出频率最高达到 20 MHz。
(3)有同步 TTL 电平输出端。
(4)输出频率和幅度全部 LCD 液晶数字显示。
(5)可输出正弦波、方波、可调脉冲波、三角波。
(6)方波、脉冲波输出上升沿/下降沿≤35ns,过冲 <10%。
(7)脉冲波(占空比 10% ~90%)。
(8)电压输出 4 位显示,单位可为 mV,V,dBμV。

三、基本工作特性指标

1. 工作频率范围:0.5 Hz ~20.000 000 MHz
(1)正弦波和同步 TTL 方波输出频率可达 20.000 000 MHz。
(2)频率显示分辨率:
0.5 Hz ~99.999 99 kHz 时:0.01 Hz。
100.000 0 kHz ~999.999 9 kHz 时:0.1 Hz。
1.000 000 MHz ~20.000 000 MHz 时:1 Hz。
(3) 微调频率最小可达 0.01 Hz。

(4) 晶体稳定度(预热 30 min):≤20×10^{-6}(20 ±5℃) 。

2. 输出特性

(1)同步 TTL 电平输出端:可输出方波、脉冲波(占空比 10% ~90%),前后沿≤10 ns。

(2) 源阻抗 50 Ω 输出端:可输出正弦波、方波、脉冲波、三角波,其中:

①正弦波有效输出范围 0.3 mV ~6 Vrms(17 Vp-p),即 50 dB ~135.6 dB(1 μV =0 dB),频率 F≤20 MHz。

②方波、脉冲波输出频率 f≤200 kHz,上升沿/下降沿≤35 ns,过冲 <10 %。

③三角波输出频率范围 f=1 kHz ~80 kHz,线性度≤1%。

④方波、脉冲波、三角波输出有效输出范围:峰值(V_p)1 mV ~6.000 V,即 60 dB ~135.6 dB。

⑤输出衰减器为 100 dB,可任意步进,最小分辨率为 0.1 dB。

⑥电压输出 4 位显示,单位可为 mV,V,dBμV。

⑦正弦波输出时电压显示值为空载有效值(Vrms)指示。

⑧方波、脉冲波、三角波输出时电压显示值为空载峰值(Vp)。

⑨波峰因数(正弦波 =1.414,方波 =1,三角波 =1.732)。

⑩本机定义 1 μV = 0 dB。

(3)输出幅度误差(以 1 kHz 正弦波,6 Vrms 输出为基准)为 ±0.2 dB + 频响。

(4)输出电平频响:

10 Hz ~6 MHz	≤ ±0.2 dB。
0.5 Hz ~18 MHz	≤ ±0.5 dB。
18 MHz ~20 MHz	≤ ±1 dB。

(5)正弦信号谐波失真:

1 kHz ~100 kHz:	≤ -60 dB。
0.5 Hz ~3 MHz:	≤ -50 dB。
3 Hz ~6 MHz:	≤ -45 dB。
6 MHz ~20 MHz:	≤ -40 dB。

(6)RF - OFF 关断输出: 隔离度≥80dB。

(7)输出保护: 短路保护,≤ ±35 Vpk(倒灌)保护,(AC/DC)。

3. 电源电压:220 V ±10% ,50 Hz/60 Hz

4. 功率消耗:约 10 W

5. 仪器的工作环境条件为Ⅱ组

6. 体积:252(W)mm × 98(H)mm × 324(D)mm

7. 重量:约 4 kg

四、面板描述

1. 前面板

前面板位置图如图 3 -8 -1 所示。

1—电源开关。

2—设置输出频率,按该键,LCD 显示当前频率。

3—设置输出幅度,按该键,LCD 显示当前幅度。

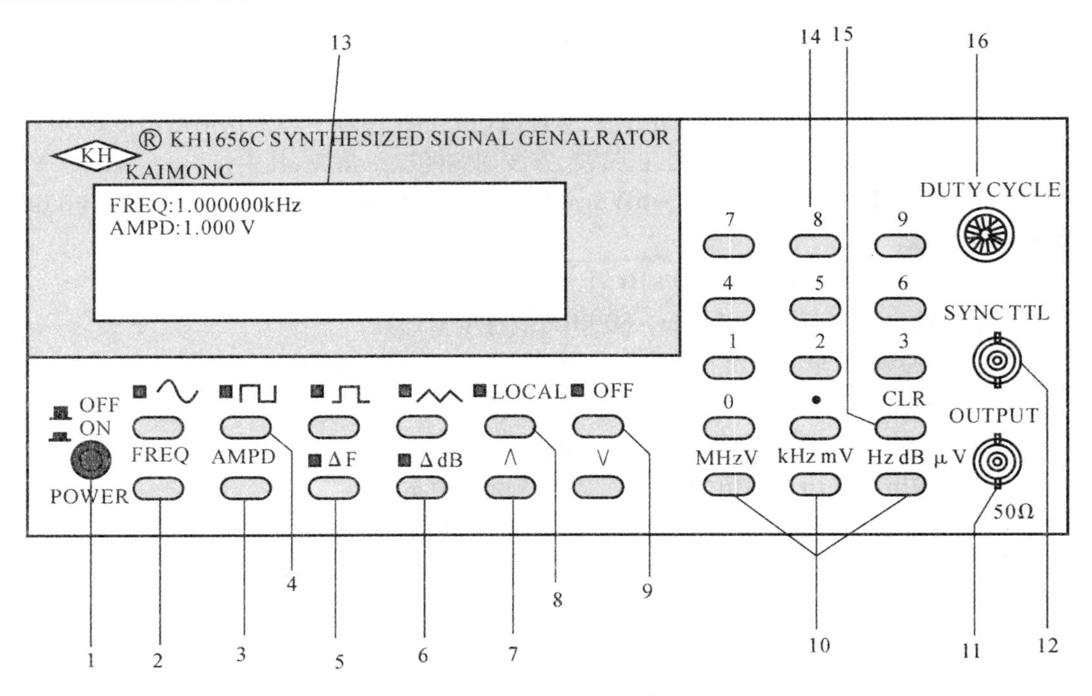

图 3－8－1　前面板图

4—正弦：按下该键输出正弦波，对应指示灯亮。

方波：按下该键输出方波，对应指示灯亮。

脉冲：按下该键输出脉冲波，对应指示灯亮。

三角波：按下该键输出三角波，对应指示灯亮。

5—设置频率步进，按该键，LCD 显示当前频率步进值。

6—设置幅度步进，按该键，LCD 显示当前幅度步进值。

7—∧，∨步进方向：∧增加，∨减小。

8—本键为具有 IEEE－488 接口功能的提供本地服务。

9—按下该键则切断输出，方便用户测量 *S/N* 比。

10—设置时使用的单位。

11—BNC 接口，50 Ω 主输出端输出正弦波、方波、脉冲波、三角波。右上角主输出。

12—BNC 接口，同步 TTL 脉冲或方波输出端。

13—显示输出频率和电压幅度。

14—0～9 及小数点为数字键入区域。

15—按下该键则取消键入值。

16—为脉冲占空比调节旋钮。

2. 背板位置(见图 3－8－2)

17—散热片。

18—接地柱。

19—电源保险丝座。

20—电源输入插座。

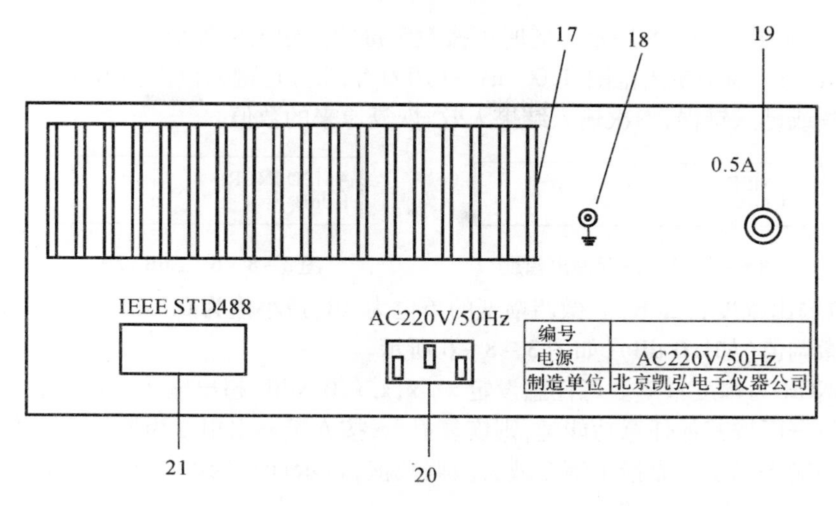

图 3-8-2　背面板图

21—预留的 IEEE-488 插座是为要求使用 GPIB 接口的用户提供的。

五、操作指南

(1)接通电源,开机信号频率自动设置在 1 kHz,幅度设为 1.000 V,这时使用者可根据需要设置参数。注意:通电后严禁输出端短路。

(2)设置输出频率。首先按 FREQ 键,此时 LCD 显示当前频率(如 1 kHz),如图 3-8-3 所示。

此时可按数字键输入频率值(包括小数点),再按单位键(MHz, kHz 或 Hz)。如输入 500 kHz,可按 FREQ、500 再按 kHz 键,不允许小数点后连续输入 00,比如可以输入 5 Hz,但 0.005 kHz则为错。输入频率范围为 0.5 Hz ~ 20.000 000 MHz,超出输入范围或键入错误,则本次输入结果无效,恢复原来的数值。主输出端在输出方波、脉冲波时,频率键入值应 ≤200 kHz;输出三角波时,键入频率范围应在 1 kHz ~ 80 kHz。否则输出信号的质量或频率值有可能不准确。

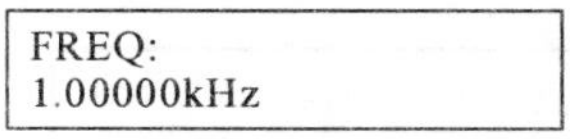

FREQ: 1.00000kHz

图 3-8-3　设置输出频率

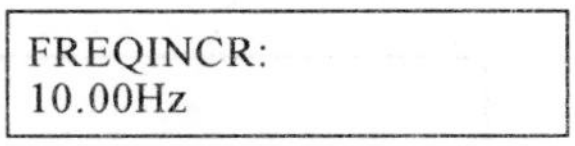

FREQINCR: 10.00Hz

图 3-8-4　Δf 设置

(3)微调输出频率(ΔF)。按 ΔF 键,此时 LCD 显示当前频率微调数值:(如 10 Hz),如图 3-8-4 所示。

FREQINCR 为频率增量。此时可按数字键输入频率增量,再按单位键(MHz、kHz 或 Hz)。微调输入范围:0.01 Hz ~ 19.999 99 MHz,超出输入范围则本次输入结果无效,保持原来的数值不变。如果此时不键入数据而按其他任意功能键,则恢复显示,按 ∧ 键输出频率为原指示频率加上微调数值;按 ∨ 键,则输出频率为原指示频率减去微调数值,显示计算后的频率值。最小频率分辨率 0.01 Hz,如原来频率为 10.000 00 kHz,输入微调值 0.1 Hz,按 ∧ 键则显示为 10.000 10 kHz。可连续按 ∧ 键或 ∨ 键,则可连续按微调值改变输出。

(4)设置输出幅度:(本机定义 1 μV =0 dB)。按 AMPD 键,LCD 显示当前输出幅度值

(如1.000 V),如图3－8－5所示。此时可按数字键输入输出幅度值(包括小数点),再按单位键(V,mV,dBμV)。有效键入范围:1.00 mV～6.000 V,实际可键入范围:0.031 6 mV～6.000 V;超出输入范围或键入错误,本次输入结果无效,恢复原来的数值。

AMPD:
1.00V

图3－8－5　设置输出幅度

AMPD INCR:
1.0dB

图3－8－6　ΔdB 设置

(5)微调输出幅度:(ΔdB)。微调幅度的单位为 dB,最小值为0.1dB,按下 ΔdB 键 LCD 显示当前幅度微调值(如1.0 dB),如图3－8－6所示。

AMPD INCR 为幅度增量。可任意设定 xx.x,x.x,0.xdB,超出输出范围,键入无效。如果此时不键入数据而按其他任意功能键,则恢复显示,按∧键输出幅度为原指示幅度加上微调数值;按∨键,则输出幅度为原指示幅度减去微调数值,显示计算后的幅度值。可连续按∧键或∨键,则可连续按微调值改变输出。

(6)如果在进行数值键入时,按错数值键,可按 CLR 键删除该数据

六、工作原理简介

基本原理框图如图3－8－7所示。KH1655C 型信号发生器主要由 DDS 数字合成信号发生器、波形变换器、多级放大器、输出衰减器、输出功率驱动器及保护电路、微控制器和键盘扫描、液晶数据显示及电源部分组成。

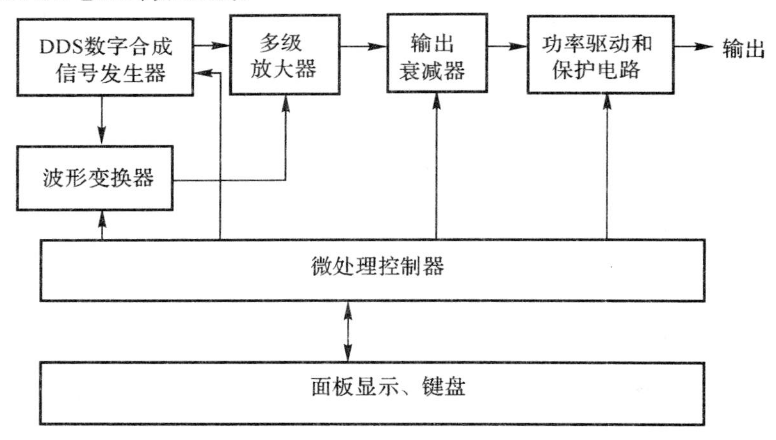

图3－8－7　原理框图

1.(DDS)直接数字合成频率发生器

本机采用最先进的 DDS 技术,提供高分辨率、具有晶体稳定度的频率输出,频率分辨率高达0.01Hz,该电路由高稳定的晶体振荡器提供频率源,由微处理器输入分频系数和输出幅度,经多阶低通滤波器(LFP)输出到多级放大器和波形变换器,频率输出建立时间非常快。

2.波形变换器

该电路采用:

(1)高速比较器:将正弦波信号变成方波或可调脉冲波。该比较器输出为 TTL 电平,源阻抗约50 Ω,输出至 TTL 同步输出端,波形上升沿/下降沿≤10 ns,可通过多路开关输出至多级

放大器。

(2)三角波发生器:该电路将高速比较器输出的方波作为参考频率通过锁相环使压控振荡器输出同频的三角波,可通过多路开关输出到多级放大器。

3. 多级信号放大器

本电路采用宽带高精度放大器,具有良好的线性和较低的失真,保证信号的输出频响和低失真。

4. 输出衰减器

本机衰减器采用多阶精密电阻网络和高性能的高频继电器,是专门为高频信号源设计的,因而具有精度高、频响小、可靠性高的特点,衰减器的分辨率最小可达0.1 dB。

5. 功率驱动和保护电路

本电路在宽动态下输出可达100 mA的电流,能有效地驱动负载电路,具有输出短路保护功能,为防止输出端错接入AC,DC高电压损坏仪器,专门设置了倒灌保护功能。

6. 微处理器电路

本电路是整个机器的控制中心,它接受用户的指令,并转换为各种控制命令输出到各个控制模块。本机的特点就是采用人性化设计,充分考虑工作和操作习惯的需要,对键入的指令进行合理分析,最大限度减少用户的误操作,面板按键分区设置,方便使用,全部输出要求均可键入预置,无机械操作,提高了整机的可靠性和使用寿命。所有输出信息均用LCD显示,一目了然,在电平输出设计中,用户可方便地使用V ,mV,和dBμV三种单位,幅度显示分辨率达0.1 dB,同时为方便用户使用,输出幅度调节也可通过设置幅度增减量(ΔdB)来改变输出。同样改变输出频率也可通过设置频率增减量(ΔF)来改变输出频率。当操作超出范围时,用户可重新预置或用CLR键使系统恢复正常状态。

七、仪器的维护

(1)仪器出厂时电源电压使用220 V/50 Hz。

(2)仪器可连续工作8 h。

(3)仪器使用及存放处所的条件:

1)额定工作环境温度:0 ~40 ℃。

2)相对湿度小于80%。

3)室内应有通风设备,应无尘、无酸碱及其他腐蚀性气体,不应有强烈震动冲击及强烈的电磁场影响。

仪器九　MOS－640双踪示波器使用说明

一、概述

带宽是示波器最重要的指标之一，模拟示波器的带宽是一个固定的值，MOS－640双踪示波器可达到40 MHz，最大灵敏度为1 mV/div，最大扫描速度0.2 μs/div，并可扩展10倍使扫描速度达到20 ns/div。该示波器采用6 in(1 in＝2.54 cm)并带有刻度的矩形CRT，操作简单，稳定可靠。

二、注意事项

（1）该示波器电源电压使用220 V/50 Hz。在接通电源前先检查当地电网电压是否与额定值一致，错接电源会损坏示波器。

（2）为了避免永久性损坏CRT内的磁光质涂层，请不要将CRT的轨迹设在极亮的位置或把光点长时间停留在某一位置。

（3）如果一个AC电压叠加在DC电压之上，CH1和CH2输入的最大峰值电压不得超过300 V，所以对于一个平均值为零的AC电压，它的峰峰值是600 V。

三、仪器附件

电源线1条，输入电缆线2条。

四、面板描述

1．前面板介绍（见图3－9－1）

CRT：

5—示电源开启的发光二极管。

6—电源：主电源开关，当此开关开启时发光二极管5发亮。

2—亮度：调节轨迹或亮点的亮度。

3—聚焦：调节轨迹或亮点的聚焦。

4—轨迹旋转：半固定的电位器用来调整水平轨迹与刻度线的平行。

33—滤色片：使波形看起来更加清晰。

垂直轴：

8—CH1(X)输入：在 $X-Y$ 模式下，作为 X 轴的输入端。

20—CH2(Y)输入：在 $X-Y$ 模式下，作为 Y 轴的输入端。

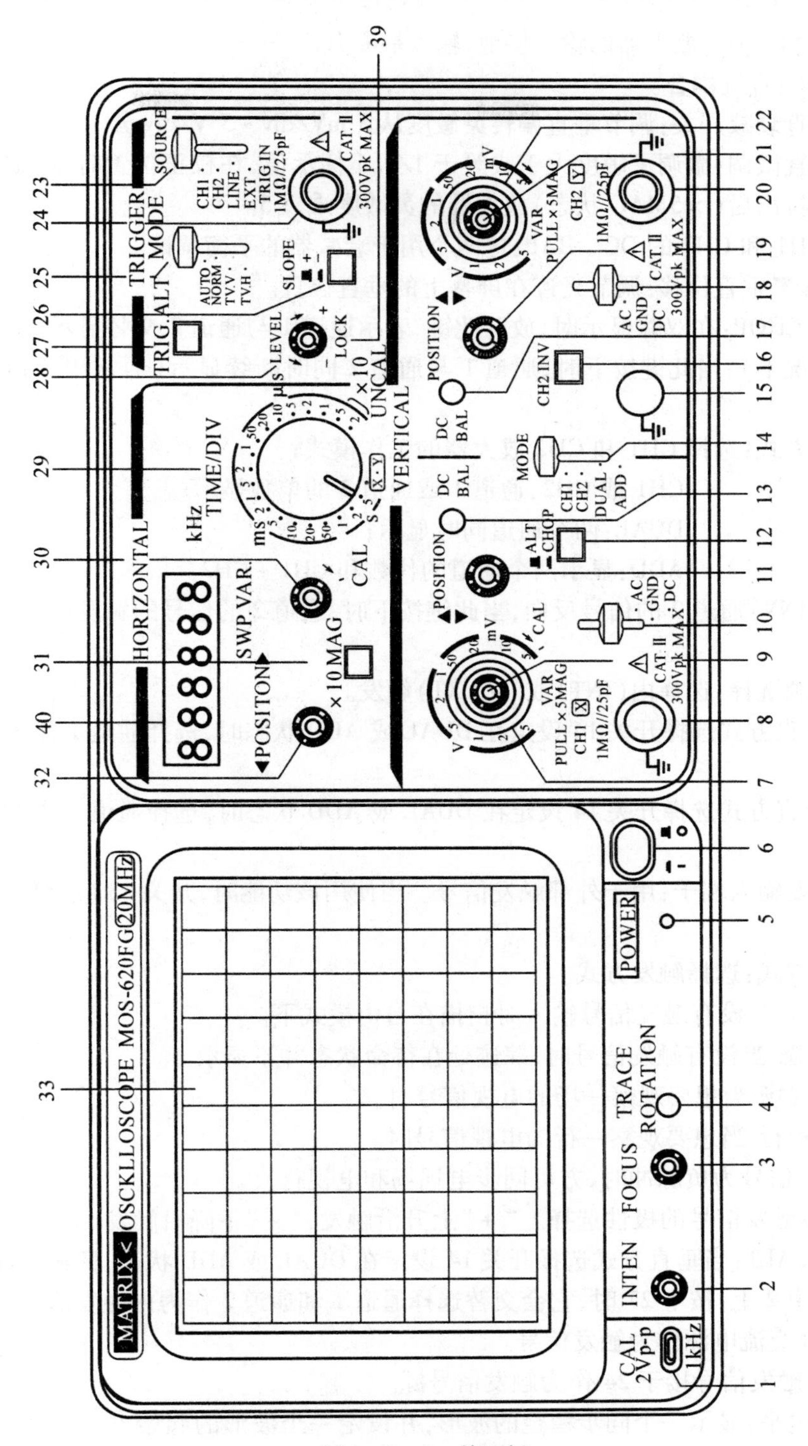

图 3-9-1 前面板

10,18—AC/GND/DC 选择垂直轴输入信号的输入方式。

AC:交流耦合。

GND:垂直放大器的输入接地,输入端断开。

DC:直流耦合。

7,22—垂直衰减开关:调节垂直偏转灵敏度从 5 mV/div ~5 V/div 分 10 挡。

9,21—垂直微调:微调灵敏度大于或等于 1/2.5 标示值,在校正位置时,灵敏度校正为标示值。该旋钮拉出后(×5MAG 状态)放大器的灵敏度乘以 5。

13,17—CH1 和 CH2 的 DC　BAL:这两个用于衰减器的平衡调试。

11,19—▲▼垂直位移:调节光迹在屏幕上的垂直位置。

12—ALT/CHOP:在双踪显示时,放开此键,表示通道 1 与通道 2 交替显示(通常用在扫描速度较快的情况下);当此键按下时,通道 1 与通道 2 同时断续显示(通常用于扫描速度较慢的情况下)。

14—垂直方式:选择 CH1 和 CH2 放大器的工作模式;

CH1 或 CH2:通道 1 或通道 2 的单独显示;

DUAL:两个通道同时显示;

ADD:显示两个通道的代数和 CH1 + CH2。

16—CH2 INV:通道 2 的信号反向,当此键按下时,通道 2 的信号的触发信号同时反向。

触发:

23—触发源选择:选择内(INT)或外(EXT)触发。

CH1:当垂直方式选择开关 14 设定在 DUAL 或 ADD 状态时,选择通道 1 作为内部触发的信号源。

CH2:当垂直方式选择开关 14 设定在 DUAL 或 ADD 状态时,选择通道 2 作为内部触发的信号源。

24—外触发输入端子:用于外部触发信号。当使用该功能时,开关 23 应设置在 EXT 的位置上。

25—触发方式:选择触发方式。

AUTO:自动 当没有触发信号输入时扫描在自由模式下。

NORM:常态 当没有触发信号时,踪迹处在待命状态并不显示。

TV. V:电视场 当想要观察一场的电视信号时。

TV. H:电视行 当想要观察一行的电视信号时。

(仅当同步信号为负脉冲时,方可同步电视场和电视行)。

26—极性:触发信号的极性选择。“ + ”上升沿触发,“ - ”下降沿触发。

27—TRIG. ALT:当垂直方式选择开关 14 设定在 DUAL 或 ADD 状态,且触发源开关 23 选在通道 1 或通道 2 上,按下 27 时,它会交替选择通道 1 和通道 2 作为内触发信号源。

LINE:选择交流电源作为触发信号。

EXT:外部触发信号接于 24 作为触发信号源。

28—触发电平:显示一个同步稳定的波形,并设定一个波形的起始点。向“ + ”旋转触发电平向上移,向“ - ”旋转触发电平向下移。

39—触发电平锁定:将触发电平旋钮 28 向顺时针转到底听到“咔嗒”一声后,触发电平被锁定在一固定电平上,这时改变扫描速度或信号幅度时,不再需要调节触发电平,即可获得同步信号。

时基：

29—水平扫描速度开关：扫描速度可分20挡，从0.2 μs/div 到0.5 s/div。当设置到X－Y位置时可用作X－Y示波器。

30—水平微调：微调水平扫描时间，使扫描时间被校正到与面板上TIME/DIV指示的一致。TIME/DIV扫描速度可连续变化，当顺时针转到底为校正位置。整个延时可达到2.5倍甚至更多。

31—扫描扩展开关：按下扫描速度扩展10倍。

32—水平位移：调节光迹在屏幕上的水平位置。

其他：

1—CAL：提供幅度为$2V_{pp}$，频率1 kHz的方波信号，用于校正10∶1探头的补偿电容器和检测示波器垂直与水平的偏转因数。

15—GND：示波器机箱的接地端子。

40—频率数码显示。（MOS－640型无此模块）

2. 后面板介绍（见图3－9－2）

4—Z－AXIS INPUT（Z轴输入）：外部亮度调制信号输入端。

34—CH1 OUTPUT：提供通道1信号去50欧的终端，适合外接频率计或其他仪器。

36—AC：交流电源插座。

37—FUSE：保险丝。

38—支撑块：当示波器面向上放置时，用于支撑示波器，并且可以引出电源线。

五、操作方法

1. 单通道操作

接通电源前务必先检查电压是否与当地电网一致，然后将有关控制元件按表3－9－1设置。

表3－9－1　通道控制设置

功能	设置	功能	设置
电源（POWER）	关	AC－GND－DC	GND
亮度（INTEN）	居中	触发源（SOURCE）	通道1
聚焦（FOCUS）	居中	极性（SLOPE）	+
垂直方式（VERT MODE）	通道1	触发交替（TRIG. ALT）	释放
交替/断续（ALT/CHOP）	释放（ALT）	触发方式（ MODE）	自动
通道2反向（CH2 INV）	释放	扫描时间（TIME/DIV）	0.5 ms/div
垂直位置（▲▼ POSITION）	居中	微调（SWP. VER）	校正位置
垂直衰减（VOLTS/DIV）	0.5V/div	水平位置（POSITION）	居中
调节（VARIABLE）	CAL（校正）	扫描扩展（X10 MAG）	释放

将开关和控制部分按以上设置后，接上电源线，继续：

（1）电源接通，电源指示灯亮约20 s后，屏幕出现光迹。如果60 s后还没有出现，反回头

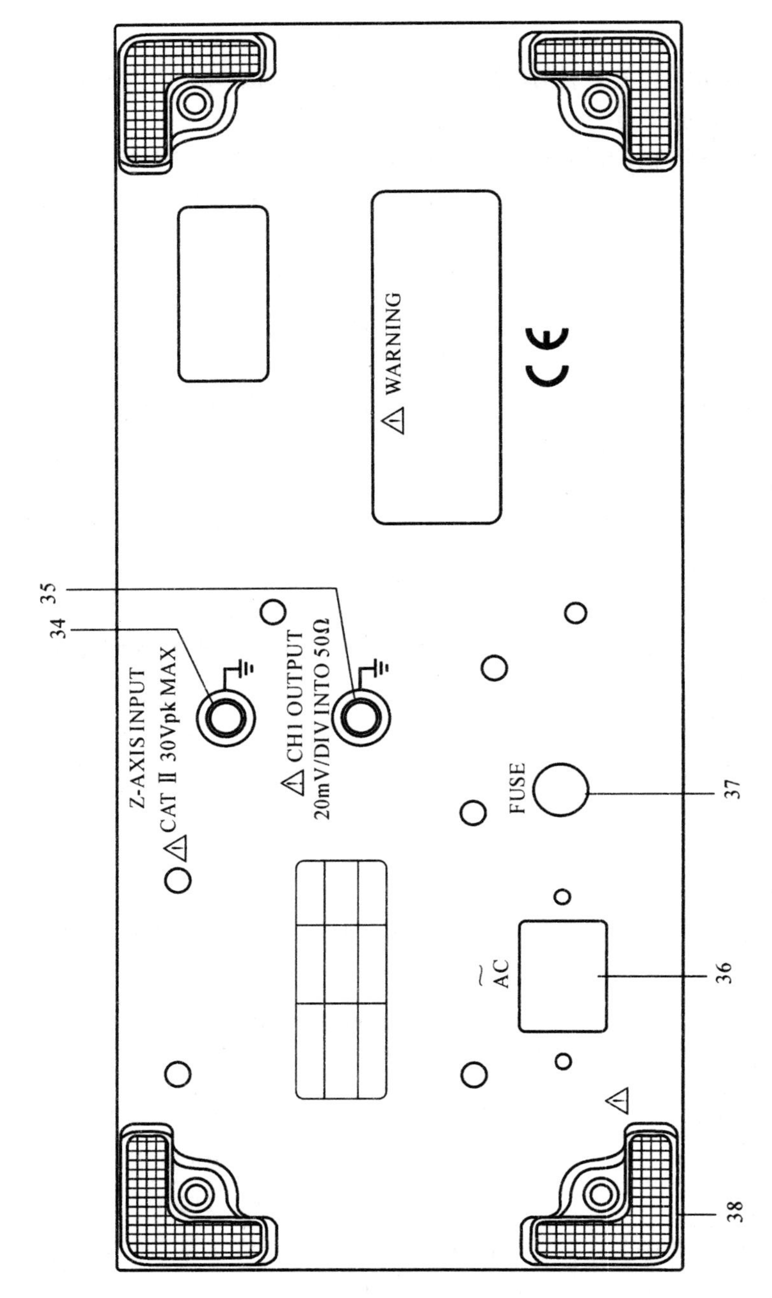

图 3-9-2　后面板

再查开关和控制旋钮的设置。

(2)分别调节亮度,聚焦,使光迹亮度适中清晰。

(3)调节通道 1 位移旋钮与轨迹旋转电位器,使光迹与水平刻度平行(用螺丝刀调节轨迹旋转电位器 4)。

(4)用 10:1 探头将校正信号输入至 CH1 输入端。

(5)将 AC/GND/DC 开关设置在 AC 状态。一个方波将出现在屏幕上。

(6)调整聚焦使图形清晰。

(7)对于其他信号的观察,可通过调整垂直衰减开关,扫描时间到所需的位置,从而得到清晰的图形。

(8)调整垂直和水平位移旋钮,使得波形的幅度与时间容易读出。

以上为示波器最基本的操作,通道 2 与通道 1 的操作相同。

2. 双通道的操作

改变垂直方式到 DUAL 状态,于是通道 2 的光迹也会出现在屏幕上。这时通道 1 显示一个方波,而通道 2 则仅显示一条直线,因为没有信号接到该通道。现在将校正信号接到 CH2 的输入端与 CH1 一致,将 AC/GND/DC 开关设置到 AC 状态,调整垂直位置 POSITION。释放 ALT/CHOP 开关,(置于 ALT 方式)。CH1 和 CH2 的信号交替地显示到屏幕上,此设定用于观察扫描时间较短的两路信号。按下 ALT/CHOP 开关(置于 CHOP 方式),CH1 与 CH2 的信号以 250 kHz 的速度独立的显示在屏幕上,此设定用于观察扫描时间较长的两路信号。在进行双通道操作时(DUAL 或 ADD 方式),必须通过触发信号源的开关来选择通道 1 或通道 2 的信号作为触发信号。如果 CH1 与 CH2 的信号同步,则两个波形都会稳定显示出来。反之,则仅有触发信号源的信号可以稳定地显示出来;如果 TRIG/ALT 开关按下,则两个波形都会同时稳定地显示出来。

(1)加减操作。通过设置"垂直方式开关"到"ADD"的状态,可以显示 CH1 与 CH2 信号的代数和。如果 CH2 INV 开关被按下则为代数减。为了得到加减的精确值,两个通道的衰减设置必须一致。垂直位置可以通过"▲▼位置键"来调整。鉴于垂直放大器的线性变化,最好将该旋钮设置在中间位置。

(2)触发源的选择。正确的选择触发源对于有效地使用示波器是至关重要的,用户必须十分熟悉触发源的选择功能及其工作次序。

(3)MODE 开关。AUTO:自动模式,扫描发生器自由产生一个没有触发信号的扫描信号;当有触发信号时,它会自动转换到触发扫描,通常第一次观察一个波形时,将其设置于"AUTO",一个稳定的波形被观察到以后,再调整其他设置。当其他控制部分设定好以后,通常将开关设回到"NORM"触发方式,因为该方式更加灵敏,当测量直流信号或小信号时必须采用"AUTO"方式。

NORM:常态,通常扫描器保持在静止状态,屏幕上无光迹显示。当触发信号经过由"触发电平开关"设置的阀门电平时,扫描一次。之后扫描器又回到静止状态,直到下一次被触发。在双踪显示"ALT"与"NORM"扫描时,除非通道 1 与通道 2 都有足够的触发电平,否则不会显示。

TV · V:电视场。

TV · H:电视行。

(4)触发信号源功能。为了在屏幕上显示一个稳定的波形,需要给触发电路提供一个与显示信号在时间上有关联的信号,触发源开关就是用来选择该触发信号的。

CH1:大部分情况下采用的内触发模式。

CH2:送到垂直输入端的信号在预放以前分一支到触发电路中。由于触发信号就是测试信号本身,因此显示屏上会出现一个稳定的波形。

在 DAUL 或 ADD 方式下,触发信号由触发源开关来选择。

LINE:用交流电源的频率作为触发信号。这种方法对于测量与电源频率有关的信号十分有效。

EXT:用外来信号驱动扫描触发电路。该外来信号因与要测的信号有一定的时间关系,波形可以更加独立地显示出来。

(5)极性开关和触发交替开关。

极性开关 SLOPE:"+"上升沿触发,"-"下降沿触发。

触发交替 ALT/CHOP:在双踪显示时,放开此键,表示通道 1 与通道 2 交替显示;当此键按下时,通道 1 与通道 2 同时断续显示。

(6)扫描扩展 ×10 MAG。当需要观察一个波形的一部分时,需要很高的扫描速度。但是如果想要观察的部分远离扫描的起点,则要观察的波形可能已经出到屏幕以外。这时就需要使用扫描扩展开关。扫描扩展开关按下以后,显示的范围会扩展 10 倍。这时的扫描速度是按下前的 10 倍。

六、电路原理框图

电路组成原理框图如图 3-9-3 所示,工作原理自述。

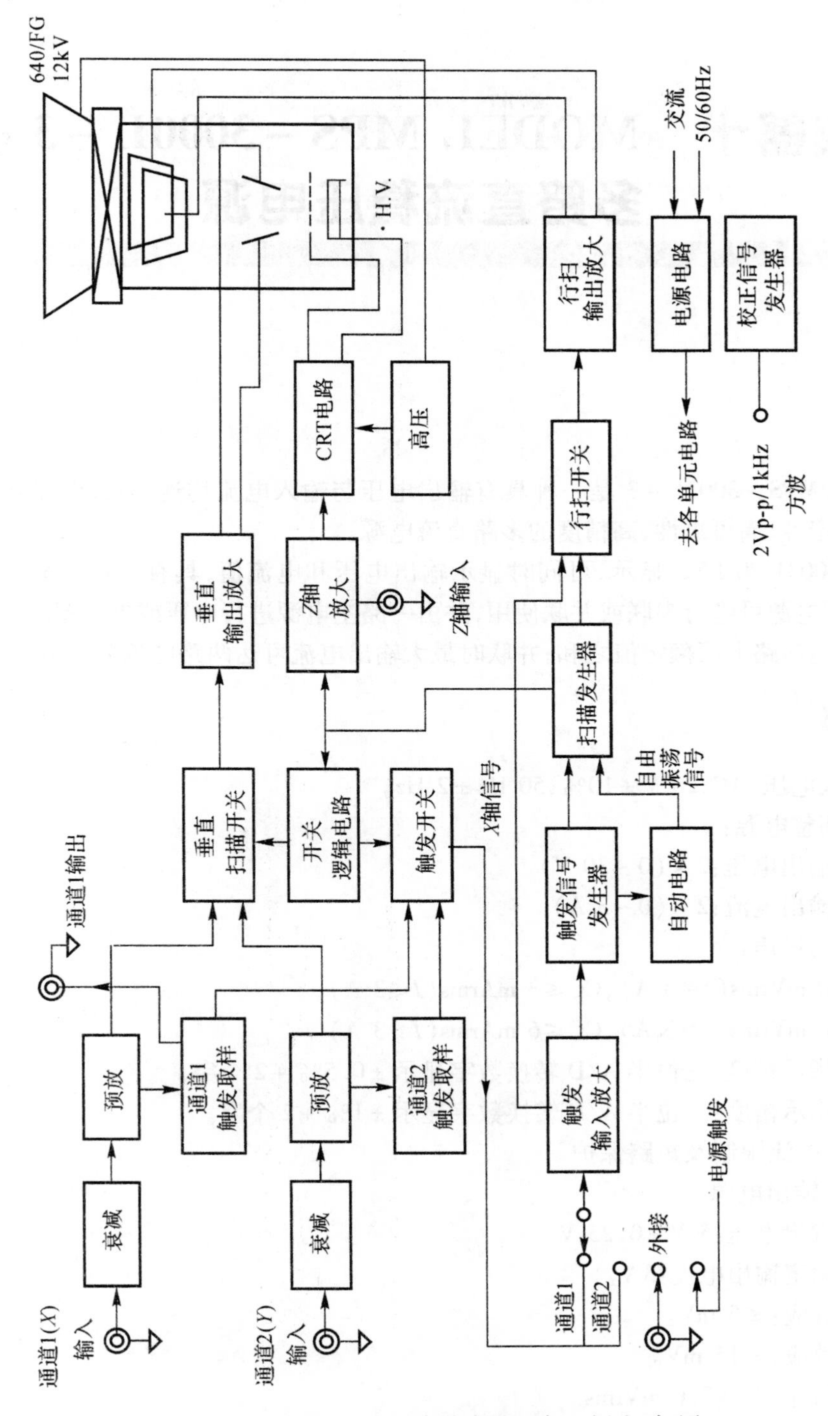

图 3－9－3　MOS－640 双踪示波器电路组成原理框图

仪器十　MODEL MPS－3000L－3型多路直流稳压电源

一、简介

MODEL MPS－3003L－3是一种具有输出电压与输入电流均连续可调、稳压与稳流自动转换的高稳定性、高可靠性、高精度的多路直流电源。

MPS－3003L为LED显示，可同时显示输出电压和电流值，具有固定5 V/3 A输出。另外，两路可调电源可进行串联或并联使用，并由一路主电源进行电压或电流跟踪。串联时最高输出电压可达两路电压额定值之和；并联时最大输出电流可达两路电流额定值之和。

二、技术参数

（1）输入电压：AC220 V±10%，50 Hz±2 Hz。

（2）可调整电源：

1）额定输出电压：2×(0～30 V)。

2）额定输出电流：2×(0～3 A)

3）波纹与噪声：

CV≤1.0 mVrms(I≤3 A)，CC≤3 mArms(I≤3 A)，

CV≤2.0 mVrms(I>3 A)，CC≤6 mArms(I>3 A)。

4）电压指示精度：三位半A/D转换数字显示±0.5%＋2个字。

5）电流指示精度：三位半A/D转换数字显示±1%＋2个字。

6）保护：电流限制及短路保护。

（3）固定输出电源

1）额定输出电压：5 V±0.25 V。

2）最大额定输出电流：3A。

3）电源效应：≤5 mV。

4）负载效应：≤15 mV。

5）波纹与噪声：≤2.0 mVrms。

6）保护：电流限制及短路保护

（4）使用环境为温度0～＋40 ℃，相对湿度≤80%。

（5）满负荷连续工作时间>8 h。

三、使用说明

（一）面板介绍

前后面板上各开关旋钮的位置如图 3－10－1 和图 3－10－2 所示。而面板上各个旋钮、开关的相应功能见表 3－10－1 所示。

表 3－10－1　面板功能介绍

序号	功能	序号	功能
1	指示主动路输出电压值	15	双路电源独立、串联并联控制开关
2	指示主动路输出电流值	16	主动路输出正端
3	指示从动路输出电压值	17,20	机壳接地端
4	指示从动路输出电流值	18	主动路输出负端
5	主动路输出电压调节	19	从动路输出正端
6	主动路稳流输出电流调节	21	从动路输出负端
7	从动路输出电压调节	22	电源开关
8	从动路稳流输出电流调节	23	固定 5 V 输出正端
9	固定 5V 输出报警指示灯	24	固定 5 V 输出负端
10	主动路稳压状态指示灯	25	保险丝座
11	主动路稳流状态指示灯	26	电源插座
12	从动路稳压状态指示灯	27	电源转换开关（本型号无）
13	从动路稳流状态或双路	28	风扇
14	双路电源独立、串联电源 并联状态指示灯，并联控制开关		

1. 双路可调电源独立使用

Ⅰ. 将开关 15 和 14 分别置于弹起位置。

Ⅱ. 作为稳压源使用时，先将旋钮 6 与 8 顺时针调至最大，开机后，分别调节 5 与 7，使主、从动路的输出电压至需求值。

Ⅲ. 作为恒流源使用时，开机后先将旋钮 5 与 7 顺时针调至最大，同时将 6 与 8 逆时针调至最小，接上所需负载，调节 6 与 8，使主、从动路的输出电流分别至所要的稳流值。

Ⅳ. 限流保护点的设定：开启电源，将旋钮 6 与 8 逆时针调至最小，并顺时针适当调节 5 与 7，将输出端子 16 与 18、19 与 21 分别短接，顺时针调节旋钮 6 与 8 使主、从动路的输出电流等于所要求的限流保护点电流值，此时保护点就被设定好了。

2. 双路可调电源串联使用

Ⅰ. 将开关 15 置于按下位置，将开关 14 置于弹起位置。将旋钮 6 与 8 顺时针调至最大，此时调节主电源电压调节钮 5，从动路的输出电压将跟踪主动路的输出电压，输出电压之和为两路电压相加，最高可达两路电压额定值之和（即端子 16 与 21 之间的电压）。

Ⅱ. 在两路电源串联时，两路的电流调节依然是独立的，如旋钮 8 不在最大，而在某个限流

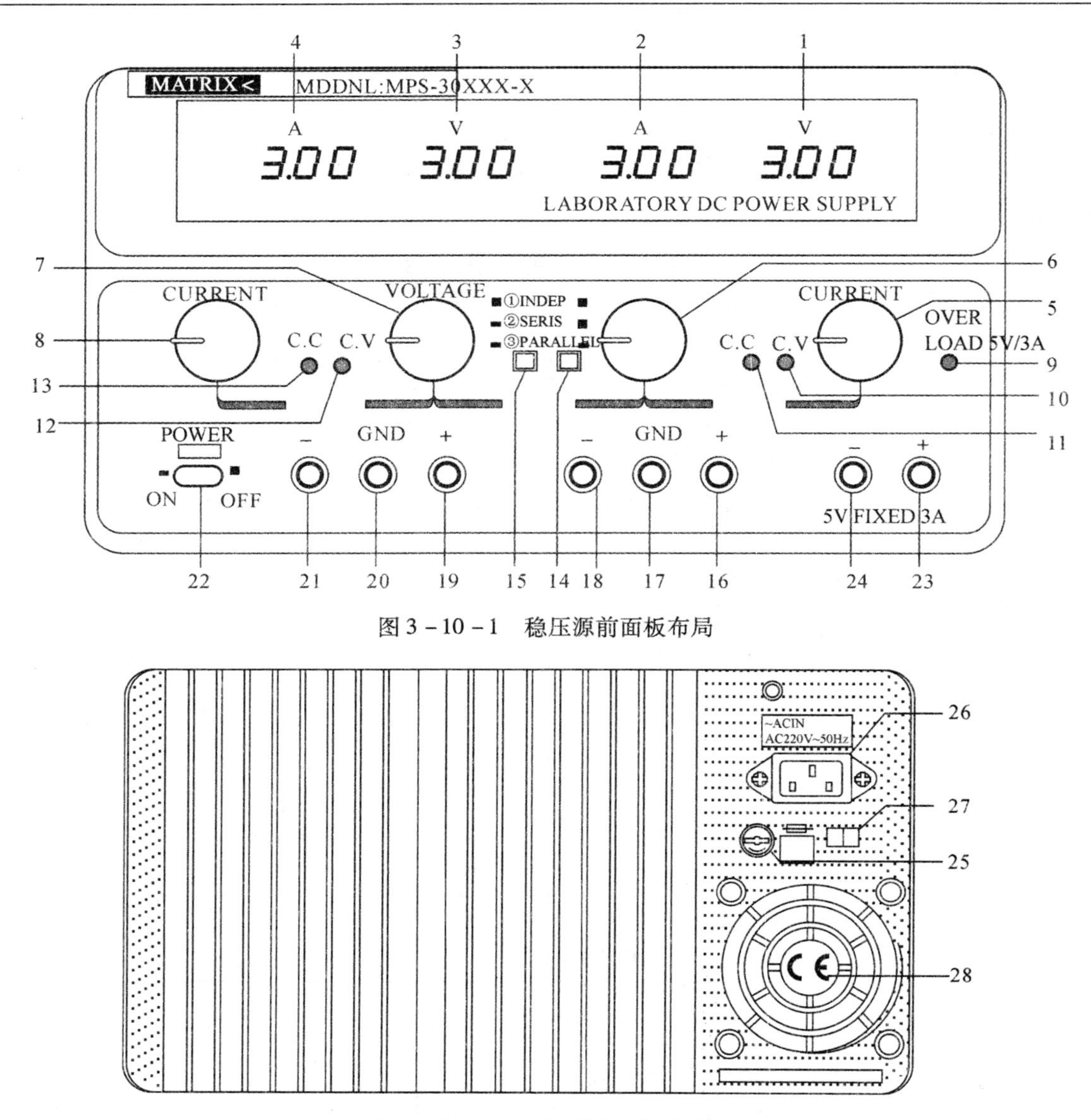

图 3－10－1　稳压源前面板布局

图 3－10－2　稳压源后面板布局

点，则当负载电流达到该限流点时，从动路的输出电压将不再跟踪主动路调节。

Ⅲ. 在两路电源串联时，如负载较大，有功率输出时，则应用粗导线将端子 16 与 18 可靠连接，以免损坏机器内部开关。

Ⅳ. 在两路电源串联时，如主动路和从动路输出的负端与接地端之间有连接片，应断开，否则将引起从动路的短路。

3. 双路可调电源并连使用

Ⅰ. 将开关 15 和 14 均置于按下位置，两路输出处于并连状态。调节旋钮 5，两路输出电压一致变化，同时从动路稳流指示灯 13 亮。

Ⅱ. 并联状态时，从动路电流调节 8 不起作用，须调节 6，即能使两路电流同时受控，其输出电流为两路电流相加，最大输出电流可达两路额定值之和。

Ⅲ.在两路电源并连使用时，如负载较大，有功率输出时，则应用粗导线将端子 16 与 19、18 与 21 分别短接，以免损坏机内切换开关。

（二）电路工作原理框图

MPS－3003L－3 原理框图如图 3－10－3 所示。

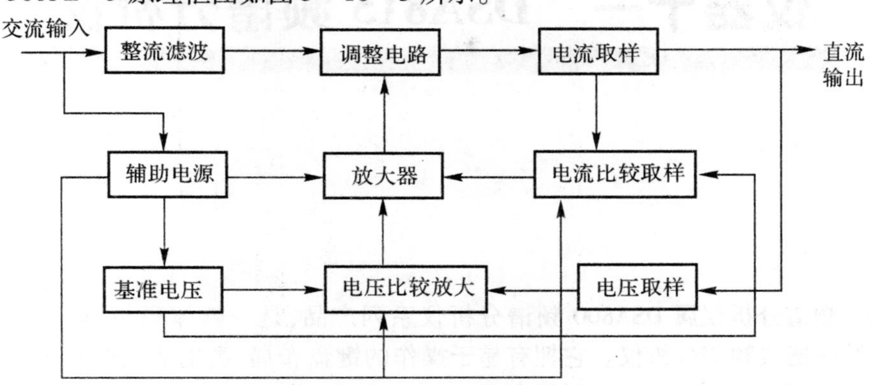

图 3－10－3　MPS－3003L－3 原理框图

四、注意事项

（1）本电源具有完善的限流保护功能，当输出端发生短路时，输出电流将被限制在最大限流点而不会继续增加，但此时功率管上仍有功率损耗，故一旦发生短路或超负荷现象，应及时关掉电源并排除故障，使机器恢复正常工作。

（2）对电源进行维修时，必须将输入电源断开，并由专业人员进行修理。

（3）机器使用完毕，请置于干燥通风处，长期不用，应将电源插头拔下。

（4）本电源属于大功率仪表，因此在满负荷使用时应注意电源的通风及散热，且电源外壳和散热器温度较高，请注意切忌用手触摸。

（5）三芯电源线的保护接地端必须可靠接地，以确保使用安全。

（6）当电源放置时间过长而重新使用时，应先通电预热 15～20 min，待仪器运行稳定后方可投入使用。

仪器十一　DSA815 频谱分析仪

一、概述

DSA815 频谱分析仪属 DSA800 频谱分析仪系列产品，是一款体积小、重量轻、性价比超高、入门级的便携式频谱分析仪。它拥有易于操作的键盘布局、高度清晰的彩色液晶显示屏、丰富的远程通信接口，可广泛应用于教育科学、企业研发和工业生产等诸多领域中。

1. 主要特色

(1)最高频率 1.5 GHz；

(2)显示平均噪声电平(DANL)典型值 < -161 dBm；

(3)相位噪声典型值 < -98 dBc/Hz(偏移 10 kHz)；

(4)电平测量不确定度 <0.8 dB；

(5)最小分辨率带宽(RBW)达 10 Hz；

(6)EMI 滤波器和准峰值检波器套件(选配)；

(7)VSWR 测量套件(选配)；

(8)AM/FM 解调功能；

(9)具有丰富的测量功能：基本测量包括频率、功率、调制、失真和噪声等；

(10)8 英寸高清屏(800 × 480 pixels) 显示，图像界面简洁清晰易于操作；

(11)丰富的接口配置，如 LAN，USB Host，USB Device 和 GPIB(选配)。

2. 主要技术参数

(1)频率技术指标。频率范围是频谱分析仪的基本特性之一。频谱分析仪的频率范围是指频谱分析仪能够调谐的最小频率和最大频率。频谱分析仪的低频限由本振边带噪声确定，即使当频谱分析仪没有信号输入时，本振也会发生馈通，即产生 0 频。另外，在现代频谱分析仪中，我们还可以设置零扫频跨度模式，在此模式下，频谱分析仪变成了固定调谐接收机，频域测量变成了时域测量。DSA815 频谱分析仪的频率相关参数及特性见表 3 - 11 - 1。

表 3 - 11 - 1　频率参数及特性

频率范围	9 kHz 至 1.5 GHz
频率分辨率	1 Hz
内部基准频率	10 MHz
光标频率分辨率	扫宽/(扫描点数 - 1)

续表

计数器分辨率	1 Hz,10 Hz,100 Hz,1 kHz,10 kHz,100 kHz
频率扫宽	0 Hz,100 Hz 至仪器的最大频率
载波偏移	< -80 dBc/Hz
剩余调频	< -50 Hz
分辨率带宽	100 Hz 至 1 MHz
RBW 精度	<5%
视频带宽	1 Hz 至 3 MHz

(2)幅度技术指标。频谱分析仪的幅度特性可分为幅度范围、噪声系数与灵敏度、动态范围以及幅度精度。频谱分析仪可测量的最小信号幅度电平与最大信号幅度电平称为频谱分析仪的幅度范围。DSA815 频谱分析仪幅度特性及相关参数见表 3-11-2。

表 3-11-2　幅度特性及参数

测量幅度范围	f_c≥10 MHz 显示平均噪声电平(DANL)至 +20 dBm
输入衰减误差范围	0~30 dB,步进为 1 dB
绝对幅度精度	f_c =50 MHz,峰值检波器,前置放大器关,衰减器为 10 dB,输入信号电平 = -10 dBm,20~30℃
参考电平范围	-100~ +20 dBm,步进为 1 dB
二次谐波截断点	f_c≥50 MHz,输入信号电平为 -20 dBm,衰减器为 10 dB
三阶交调谐断点	f_c≥50 MHz,两个幅度为 -20 dBm,频率间隔为 200 kHz 的双音信号输入混频器,衰减器为 10 dB

(3)描技术指标。频谱分析仪的扫描时间是指扫描一次整个频率量程所需要的时间,用 SWP 表示,频谱分析仪分辨率带宽的大小会影响扫描时间,频谱分析仪输出的信号分量在扫过中频滤波器时,在滤波器通带内停留时间 T 和分辨率带宽 RBW 成正比,和单位时间内扫过的 Hz 数成反比。具体扫描参数见表 3-11-3。

表 3-11-3　扫描参数及特性

扫描模式	连续,单次	
扫描时间	扫宽≥100 Hz	10 ms~1 500 s
	零扫宽	20 μs~1 500 s
扫描时间不确定度	扫宽≥100 Hz	5%
	零扫宽(扫描时间设置值 >1 ms)	5%

(4)其他技术指标。DSA815 频谱分析仪除了频率、幅度、扫描等技术指标外,还有一些其他技术指标和规格,例如外部触发电平、射频输入阻抗、外部触发输入、通道接口等,这些指标的具体参数见表 3-11-4。

表 3-11-4　输入输出特性及参数

外部触发电平	5 V TTL 电平	
射频输入	阻抗	50 Ω
	连接器	N 形阴头
外部触发输入	阻抗	1 kΩ
	连接器	BNC 阴头

二、DSA815 频谱分析仪面板介绍

1. 前面板

DSA815 频谱分析仪的前面板主要由前面板功能键、前面板连接器、数字键盘组成，前面板如图 3-11-1 所示，各部分名称见表 3-11-5。

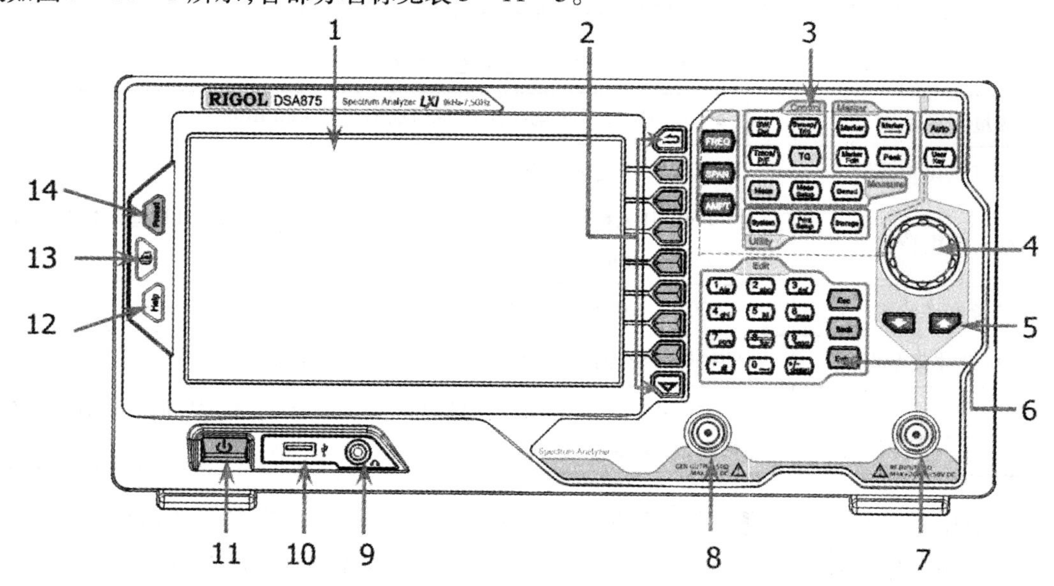

图 3-11-1　DSA815 频谱分析仪前面板

表 3-11-5　前面板按键及插口

1	LCD 显示屏	8	跟踪源输出
2	菜单软键，菜单控制键	9	耳机插孔
3	功能键区	10	USB Host
4	旋钮	11	电源开关
5	方向键	12	帮助
6	数字键盘	13	打印
7	射频输入	14	恢复预设设置

前面板各部分功用及操作使用分别介绍如下，表中序号 1 是 LCD 显示屏，用于 DSA815 频谱分析仪显示各种界面；序号 2 是菜单软件，菜单控制键，用于对频谱仪界面进行基本操作；序

号 3 是功能键区，具体如图 3 – 11 – 2 所示。

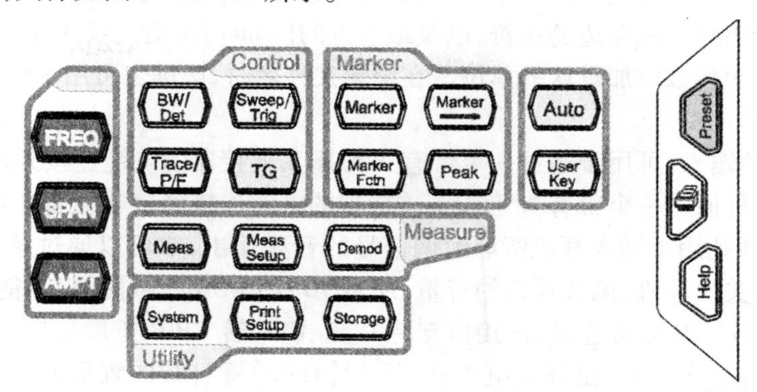

图 3 – 11 – 2　前面板功能键区

(1)其中位于图左侧的三个按键【FREQ】,【SPAN】,【AMPT】为频率、扫描、幅度参数设置键。【FREQ】键的功能为设置中心频率、起始频率和终止频率等参数，也用于开启信号追踪功能。【SPAN】键功能为设置扫描的频率范围。【AMPT】键功能为设置参考电平、射频衰减器、刻度、Y 轴单位等参数。设置电平偏移、最大混频和输入阻抗。也用于执行自动定标、自动量程和开启前置放大器。

(2)中间【Control】下有四个按键，其中【BW/Det】键功能为设置分辨率带宽(RBW)、视频带宽(VBW)和视分比。选择检波类型和滤波器类型。【Sweep/Trig】键功能为设置扫描和触发参数。【Trace/P/F】键功能为设置迹线相关参数。配置通过/失败测试。

(3)位于【Control】旁的【Marker】标识下的四个按键中，【Marker】键用于通过光标读取迹线上各点的幅度、频率或扫描时间等。【Marker—>】键功能为使用当前的光标值设置仪器的其他系统参数。【Marker Fctn】键是光标的特殊功能，如噪声光标、N dB 带宽的测量、频率计数器。右下的 Peak 键功能是打开峰值搜索的设置菜单，同时执行峰值搜索功能。

(4)下方标识【Measure】的三个按键中，【Meas】键是用于选择和控制测量功能，【Meas setup】键是用于设置已选测量功能的各项参数。【Demod】键是配置解调功能。

(5)标识为{Utility}的三个按键，【system】键主要用于设置系统相关参数。【Print setup】键用于设置打印相关参数。【Storage】键用于提供文件存储与读取功能。

(6)【Auto】键为全频段自动定位信号；【User Key】键为用户自定义快捷键。

序号 4 与序号 5 的旋钮和方向键用于调整数字，电平等的大小；序号 6 是 DSA815 频谱分析仪前面板数字键盘，如图 3 – 11 – 3 所示，该键盘支持中文字符、英文大小写字符、数字和常用符号的输入，主要用于编辑文件或文件夹名称、设置参数。

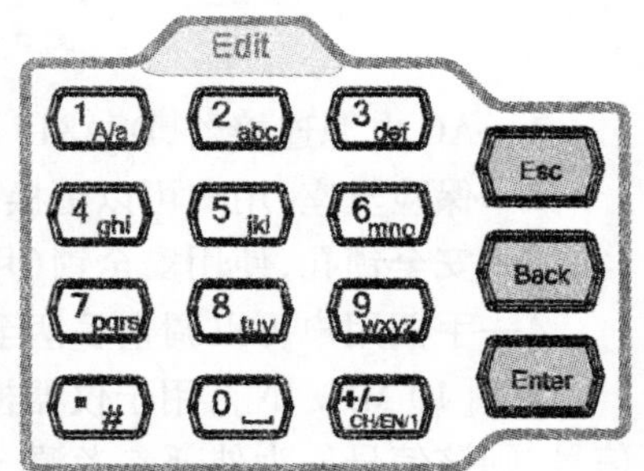

图 3 – 11 – 3　前面板数字键

(7)数字键旁的三个功能键的作用是：【ESC】按键主要用于参数输入过程中，清除活动功能区的输入，同时退出参数输入状态；在编辑文件名时，按下该键清除输入栏的字符；屏幕显示主测量画面时，该键用于关闭活动功能区显示；在键盘测试状态，该键用于退出当前测试状态；屏幕锁定时，该键用于解锁；仪器工作在远程模式时，该键用于返回本地模式。【Back】键用于参数输入过程中，删除光标左边的字符。在编辑文件名时，删除光标左边的字符，以及最下方的【Enter】按键主要用于参数输入过程中，结束参数输入，并为参数添加默认的单位。在编辑文件名时，该键也可用于输入当前光标选中的字符。

序号 7 是射频输入，可用于通过一个带有 N 形阳头连接器的电缆连接到被测设备；序号 8 是跟踪源，其输出可通过一个带有 N 形阳头连接器的电缆连接到接收设备中（DSA815 无跟踪源）；序号 9 耳机插孔用于插入耳机听取解调信号的音频输出，并可以通过菜单【Demod】按键解调，设置打开或关闭耳机、调节耳机的音量；序号 10 中【USB Host】插口功能为，频谱仪可作为"主设备"与外部 USB 设备连接，该接口支持 U 盘、USB 转 GPIB 扩展接口，并且频谱仪提供 AM 和 FM 解调功能；序号 11 是开关电源；序号 12【Help】键打开内置帮助系统；序号 13 是打印键；序号 14【Preset】键按下将系统恢复到出厂默认状态或用户自定义状态。

2. DSA815 频谱分析仪后面板

DSA815 频谱分析后面板主要由以下部分组成，包括 AC 电源连接器、保险丝座、安全锁孔、手柄、10 MHz IN、TRIGGER IN、LAN 接口、USB Device 接口，后面板如图 3－11－4 所示，而图中的 1～9 分别代表的是：

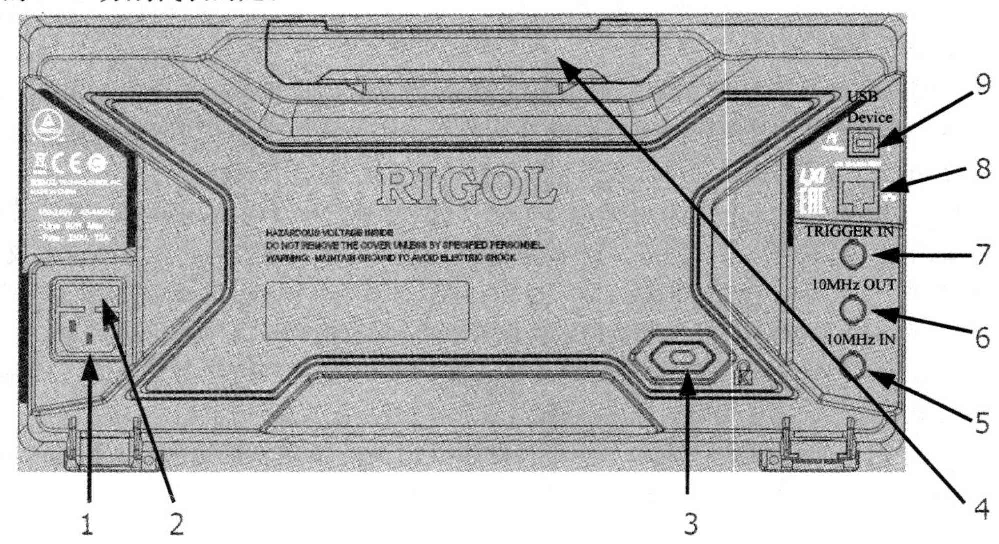

图 3－11－4　DSA815 频谱分析仪后面板

1—AC 电源连接器，DSA815 支持的交流电源规格为：交流（100～240 V），45～440 Hz。

2—保险丝座，用户可以更换保险丝，支持的电源保险丝规格为 250 V－T2A。

3—安全锁孔，使用安全锁（用户须自行购买）可将仪器锁定在固定位置。

4—手柄用户可以调整手柄至垂直位置以方便手提频谱仪。

5—［10 MHz IN］，用于仪器检测到［10 MHz IN］连接器接收一个来自外部的 10 MHz 时钟信号，则该信号作为外部参考源。此时，用户界面状态栏显示"Ext Ref"。当外部参考丢失、超限或者未连接时，仪器自动切换为内部参考，屏幕状态栏将不再显示"Ext Ref"。

6—［10 MHz OUT］用于若仪器使用内部参考源，［10 MHz OUT］连接器可输出由仪器内部产生的 10 MHz 时钟信号，用于同步其他设备。［10 MHz OUT］与［10 MHz IN］连接器常用于在多台仪器之间建立同步。

7—[TRIGGER IN]是当频谱仪使用外部触发模式时，该连接器接收一个外部触发信号。外部触发信号通过 BNC 电缆输入频谱仪中。

8—[LAN]接口用于将频谱仪连接至局域网中以对其进行远程控制。

9—[USB Device]接口可将频谱仪作为“从设备”与外部 USB 设备连接。该接口可连接 PictBridge 打印机以打印屏幕图像，或连接 PC，通过编程或使用 PC 软件远程控制 DSA815 频谱分析仪。

三、DSA815 频谱分析仪显示器

DSA815 频谱分析仪显示器屏幕注解如图 3－11－5 所示。左上角[status]是参数状态标识。依次往下为：

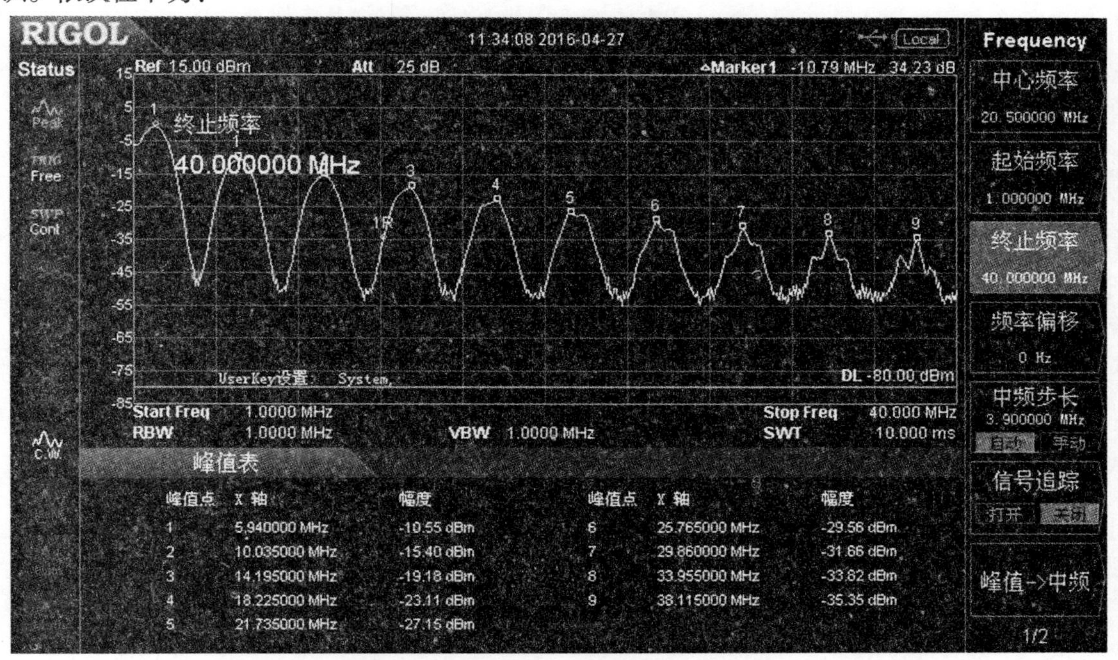

图 3－11－5　DSA815 频谱分析仪显示峰值界面

1—检波类型，用于标识正峰值检波、负峰值检波、抽样检波、标准检波、有效值平均检波、电压平均检波、准峰值检波。

2—触发类型，用于标识自由触发，视频触发和外部触发。

3—扫描模式，用于标识连续扫描或者单次扫描（显示当前扫描次数）。

4—校正开关，可用于标识打开或关闭幅度校正功能。

5—信号追踪，用于标识打开或关闭信号追踪功能。

6—前置放大器状态标识，可用于打开或关闭前置放大器。

7—迹线 1 的类型及状态，用于表示迹线类型：清除写入、最大保持、最小保持、视频平均、功率平均、查看。迹线状态：打开时用与迹线颜色相同的黄色标识，关闭则用灰色标识。

8—迹线 2 的类型及状态，用于迹线类型：清除写入、最大保持、最小保持、视频平均、功率

平均、查看。迹线状态:打开时用与迹线颜色相同的紫色标识,关闭则用灰色标识。

9—迹线3的类型及状态 用于迹线类型:清除写入、最大保持、最小保持、视频平均、功率平均、查看。迹线状态:打开时用与迹线颜色相同的浅蓝色标识,关闭则用灰色标识。

10—[MATH]迹线类型及状态,用于标识迹线类型:A-B、A+常量、A-常量。迹线状态:打开时用与迹线颜色相同的绿色标识,关闭则用灰色标识。用户界面从左上往右依次为[Ref],表示为参考电平。[Alt]表示为衰减器设置。[Marker1]旁依次为光标 X 值和光标 Y 值,表示当前光标的值,不同测量功能下表示不同的物理量。右下角依次往右为[Start Freq]表示起止频率,[RBW]为分辨率带宽,[VBW]为视频带宽,[Stop Freq]为终止频率,[SWT]为手动设置标志,表示对应的参数处于手动设置模式。用户界面下方显示的峰值表显示为 X 轴的各个峰值点和幅度。

参考文献

[1]谢家奎. 电子线路 - 非线性部分[M]. 北京:高等教育出版社,2002.
[2]沈伟慈. 高频电路[M]. 4 版. 西安:西安电子科技大学出版社,2000.
[3]黄翠翠,叶磊. 高频电子线路[M]. 北京:北京邮电大学出版社,2009.
[4]樊昌信,曹丽娜. 通信原理[M]. 6 版. 北京:国防工业出版社,2006.
[5]谈文心,邓建国,张相臣. 高频电子线路[M]. 西安:西安交通大学出版社,1996.

高等学校“十三五”规划教材

PLANNING TEXTBOOKS FOR HIGHER EDUCATION

高频电子线路实验教程实验报告

张玉侠　豆明瑛　编

课程代号 ______________________

学生学号 ______________________

学生班级 ______________________

学生姓名 ______________________

学生手机 ______________________

西北工业大学出版社

高频电子线路
实验报告

专业 ____________________

班级 ____________________

姓名 ____________________

实验报告要求

实验报告是以书面形式反映实验完成的内容及过程。要求整理记录实验数据、波形、结果，分析实验现象，表述实验方法、条件、结论等，全方位反映实验效果，必须认真做好。

实验报告的内容应符合实验指导书的要求，应包括以下内容：

1. 实验目的。
2. 实验使用仪器设备。
3. 实验电路分析及实验电路的工作原理。
4. 对完成的实验内容逐项简述方法，列表记录数据、波形或特性曲线，并分析检验结果，写出实验结论。
5. 心得体会及思考题解答。

明德学院高频实验室

2016 年 9 月

西北工业大学明德学院

实验目录

1. ______________________________

2. ______________________________

3. ______________________________

4. ______________________________

5. ______________________________

6. ______________________________

7. ______________________________

8. ______________________________

9. ______________________________

10. ______________________________

实验名称＿＿＿＿＿＿＿＿＿＿＿＿＿＿＿＿＿＿＿＿＿＿＿＿＿

实验日期＿＿＿＿＿＿ 组别＿＿＿＿＿＿ 评分＿＿＿＿＿＿

实验名称____

实验日期____________ 组别____________ 评分____________

实验名称____

实验日期____________ 组别____________ 评分____________

实验名称____

实验日期____________ 组别____________ 评分____________

实验名称____

实验日期____________ 组别____________ 评分____________

实验名称____

实验日期__________ 组别__________ 评分__________

实验名称____

实验日期____________ 组别____________ 评分____________

实验名称____

实验日期__________ 组别__________ 评分__________

实验名称____

实验日期____________ 组别____________ 评分____________

实验名称____

实验日期____________ 组别____________ 评分____________

实验名称____

实验日期____________ 组别____________ 评分____________